1+X 职业技术·职业资格培训教材

美甲师

MEIJIASHI 五级

主　编　董元明

副主编　任瑞萍

编　者　钱琛睿　王可欣

主　审　郁　苗　张文英

审　稿　张晓燕

中国劳动社会保障出版社

图书在版编目（CIP）数据

美甲师：五级/上海市职业技能鉴定中心组织编写．—北京：中国劳动社会保障出版社，2014

1+X职业技术·职业资格培训教材

ISBN 978-7-5167-0809-5

Ⅰ.①美…　Ⅱ.①上…　Ⅲ.①指（趾）甲-美容-技术培训-教材　Ⅳ.①TS974.1

中国版本图书馆CIP数据核字（2014）第023706号

中国劳动社会保障出版社出版发行

（北京市惠新东街1号　邮政编码：100029）

*

中国铁道出版社印刷厂印刷装订　　新华书店经销

787毫米×1092毫米　16开本　8印张　118千字
2014年2月第1版　　2015年7月第2次印刷
定价：32.00元

读者服务部电话：(010)64929211/64921644/84643933
发行部电话：(010)64961894
出版社网址：http://www.class.com.cn

内 容 简 介

　　本教材由人力资源和社会保障部教材办公室、中国就业培训技术指导中心上海分中心、上海市职业技能鉴定中心依据上海1+X美甲师（五级）职业技能鉴定细目组织编写。教材从强化培养操作技能，掌握实用技术的角度出发，较好地体现了当前最新的实用知识与操作技术，对于提高从业人员基本素质，掌握美甲师的核心知识与技能有直接的帮助和指导作用。

　　本教材在编写中根据本职业的工作特点，以能力培养为根本出发点，采用模块化的编写方式。全书共分为10章，内容包括职业道德与礼仪规范，美甲基础知识，美甲材料与工具，美甲卫生知识，美甲相关法律法规，接待与咨询，自然指甲护理，手、足部护理，人造指甲制作与卸除，装饰指甲。

　　本教材可作为美甲师（五级）职业技能培训与鉴定考核教材，也可供全国中、高等职业院校相关专业师生参考使用，以及本职业从业人员培训使用。

前 言 Preface

　　职业培训制度的积极推进，尤其是职业资格证书制度的推行，为广大劳动者系统地学习相关职业的知识和技能，提高就业能力、工作能力和职业转换能力提供了可能，同时也为企业选择适应生产需要的合格劳动者提供了依据。

　　随着我国科学技术的飞速发展和产业结构的不断调整，各种新兴职业应运而生，传统职业中也越来越多、越来越快地融进了各种新知识、新技术和新工艺。因此，加快培养合格的、适应现代化建设要求的高技能人才就显得尤为迫切。近年来，上海市在加快高技能人才建设方面进行了有益的探索，积累了丰富而宝贵的经验。为优化人力资源结构，加快高技能人才队伍建设，上海市人力资源和社会保障局在提升职业标准、完善技能鉴定方面做了积极的探索和尝试，推出了1+X培训与鉴定模式。1+X中的1代表国家职业标准，X是为适应上海市经济发展的需要，对职业的部分知识和技能要求进行的扩充和更新。随着经济发展和技术进步，X将不断被赋予新的内涵，不断得到深化和提升。

　　上海市1+X培训与鉴定模式，得到了国家人力资源和社会保障部的支持和肯定。为配合上海市开展的1+X培训与鉴定的需要，人力资源和社会保障部教材办公室、中国就业培训技术指导中心上海分中心、上海市职业技能鉴定中心联合组织有关方面的专家、技术人员共同编写了职业技术·职业资格培训系列教材。

职业技术·职业资格培训教材严格按照1+X鉴定考核细目进行编写，教材内容充分反映了当前从事职业活动所需要的核心知识与技能，较好地体现了适用性、先进性与前瞻性。聘请编写1+X鉴定考核细目的专家，以及相关行业的专家参与教材的编审工作，保证了教材内容的科学性及与鉴定考核细目以及题库的紧密衔接。

职业技术·职业资格培训教材突出了适应职业技能培训的特色，使读者通过学习与培训，不仅有助于通过鉴定考核，而且能够有针对性地进行系统学习，真正掌握本职业的核心技术与操作技能，从而实现从懂得了什么到会做什么的飞跃。

职业技术·职业资格培训教材立足于国家职业标准，也可为全国其他省市开展新职业、新技术职业培训和鉴定考核，以及高技能人才培养提供借鉴或参考。

新教材的编写是一项探索性工作，由于时间紧迫，不足之处在所难免，欢迎各使用单位及个人对教材提出宝贵意见和建议，以便教材修订时补充更正。

人力资源和社会保障部教材办公室
中国就业培训技术指导中心上海分中心
上海市职业技能鉴定中心

目 录 Contents

第9章 人造指甲制作与卸除

第10章 装饰指甲

目

录

第1章 职业道德与礼仪规范

MEIJIASHI

美甲师的职业道德是与美甲服务工作相适应的道德原则和规范的综合，其服务行为直接决定着服务质量。因此，美甲师职业道德的培养需要从思想修养、文化素质、技能素质、心理素质、身体素质等多方面综合开展，才能塑造出新时代美甲师的形象。

第1节　美甲师的职业道德

学习目标

● **了解**　职业道德的概念及特征
● **掌握**　美甲师的职业道德原则及基本要求

一、职业道德的定义

道德指人们的行为应当遵循的原则和标准，道德以善与恶、正义与非正义、公正与偏私、诚实与虚伪的观念来评价人们的各种行为，它依靠社会舆论、各种形式的教育、传统习惯和人们内心信念的力量起作用。

职业道德是一般的道德和阶级道德在职业活动中的具体体现，它既对本行业人员的职业活动加以规定，同时又是行业对社会所负的道德责任与义务。

中国在几千年的历史发展中积累了丰富的职业道德遗产。随着社会劳动分工的细化，职业门类日益繁多，职业道德的内容也趋于多样化。服务行业作为为社会的"窗口行业"，其职业道德更具有示范效应，直接反映出社会风尚和社会文化的优劣程度。

美甲师的职业道德是指美甲师在美甲工作过程中所应遵循的与美甲活动相适应的道德原则和行为规范。

二、职业道德的特点

职业道德的特征可以从三个方面来论述：一是范围上的有限性，任何职业道德的适用范围都不是普遍的，而是特定的、有限的；二是内容上的稳定性和连续性，由于职业分工有其相对的稳定性，与其相适应的职业道德也就有较强的稳定性和连续性；三是形式上的多样性和实用性，职业道德的形式因行业而有所不同。

三、职业道德的意义

1. 职业道德有利于企业提高产品和服务的质量

一个企业的信誉、形象、信用和声誉，是指社会公众对企业及其产品与服务的信任程度，提高企业的信誉主要靠产品和服务质量，而从业人员具有较高的职业道德水平是产品和服务质量的有效保证。若从业人员职业道德水平不高，则很难生产出优质的产品或提供优质的服务。

2. 职业道德可以提高劳动生产率和经济效益

职业道德是以一定的制度、章程、条例的形式来表达的，让从业人员认识到职业道德具有法律的规范性，可以提高劳动生产率和经济效益。

3. 职业道德可以促进企业技术进步

美甲师职业具有传递美丽、引领时尚的内涵。作为一名美甲师，要勤奋努力，刻苦钻研，不断地学习和吸取新的知识和技术。树立不断进取的职业道德观，对促进技术进步和个人进步，提供个性化服务，提高服务水平能够起到关键的作用。

4. 职业道德有利于企业树立良好的形象

以人为本、诚信经营现已成为许多行业提倡的职业道德，一个成功的美甲学校、美甲店、美甲产品企业都会代表本企业文化职业道德观，并表现企业的核心价值理念，由此形成企业的凝聚力，同时为企业创造良好的外在形象。

美甲师（五级）

四、诚实守信的基本要求

诚实守信乃中华民族的传统美德，也是人之必备品德。美甲师在为顾客服务时，勿以衣冠论人，勿以贵贱待客，要对顾客一视同仁，友善礼貌，信守诺言，讲信誉，重信用，履行自己应承担的责任与义务。

五、爱岗敬业的基本要求

美甲师要树立"努力做好本职工作""干一行，爱一行，专一行"的职业理想。热爱本职工作，就要求美甲师以正确的态度对待职业劳动，努力培养、热爱自己所从事的工作为自豪感、荣誉感。

爱岗敬业的基本要求包括树立职业理想，强化职业责任，提高职业技能，热爱本职工作。

美甲师要想真正做到爱岗敬业，就必须不断创造进取，具有高超的专业美甲技术水平，良好的职业素质，克服困难，坚持努力，以德正己，以德敬业，以德悦人，使自己真正成为美的使者。

六、美甲师的职业要求

美甲师除了要自觉遵守国家的法律、法规及行业的道德规范与准则外，还要不断加强自身修养，以德敬业、以德正己、以德悦人、这样才能塑造出新时代的美甲师形象。

1. 遵纪守法，爱岗敬业

遵纪守法是每个公民的义务，美甲师应严格遵守国家的有关法律、法规和美甲店（沙龙）的规章制度，不销售假冒伪劣的产品，树立合法经营理念，不做违法乱纪的事。

2. 礼貌待客，热忱服务

礼貌、热情周到的接待、耐心、细微的咨询，微笑服务，待人以诚，是人与人之间的相处之道。

美甲服务时，要做到对待顾客一视同仁，"顾客就是上帝"，将顾客的需求和利益放在首位，服务好每一位顾客。

3. 诚信公平，实事求是

诚实守信就是忠诚老实、信守诺言，这是为人处世的一种美德。美甲师在做美甲服务时，对顾客要言语真切，不讲假话，实事求是。信誉是美甲企业的生命，要做到诚实守信，必须做到重质量、重服务、重信誉，以质量为中心，规范服务，合法经营，才能维护消费者利益，才能做到诚实守信。

第2节　美甲师的礼仪规范

学习目标

了解　美甲师的礼仪规范与内容
掌握　美甲师应具有的工作态度

一、美甲师的礼仪规范

1. 讲究仪表

美甲师的仪表应该端庄大方，服饰整洁，温文尔雅，面带笑容，举止得体，不轻浮放肆。

2. 待人热情

一个有修养的美甲师会把顾客放在重要的位置，使宾至如归。美甲师要对所有的顾客给予热情的问候，以真诚的态度热情接待，根据顾客的要求给予特别服务。

3. 遵时守信

美甲师在服务中要遵守诺言，与顾客有预约时，一定要提前做好准备，热情迎接顾客。切忌失约或失信于顾客。

4. 举止得体

举止可以显出一个人的风度和修养，美甲师的举止应当是端庄文雅，落落大方。得体美观，体现出美甲师的职业特点；落落大方，举止自然、不拘束，显示出美甲师内在的知识修养。美甲师在接待顾客时，要保持谦虚、诚恳的态度，让顾客满意。

二、美甲师应具有的工作态度

1. 言谈落落大方，举止文明礼貌

美甲师的言谈、举止，都能使顾客感到亲切、温暖，产生信任感。语音、语调要悦耳动听，柔和亲切，并富有亲和力。

2. 形象温文尔雅，气质优雅

美甲师温文尔雅，始终真诚微笑的美好形象，会使顾客感受到顾客至上的服务理念。在美甲服务过程中，了解顾客的心理，探其所需，供其所求，才能让顾客得到最舒适和完美的服务。

3. 热情接待顾客、服务周到

自每位顾客进店至离开的整个服务过程中，美甲师都要一丝不苟、绝不含糊，无论是咨询还是服务，都应该微笑接待。对顾客致以问候时，要用尊称，注意不要直接称呼，同时做自我介绍。

结束服务后，一定要提醒顾客拿好自己的衣物及提包，并热情地送到门口，并致以道别语，如"再见，欢迎再来！"

三、美甲师与顾客沟通交谈的目的及注意事项

1. 美甲师与顾客通过沟通，可以了解顾客的真实需求，与顾客交谈的目的不仅是为了营造一个销售氛围，更重要的是了解顾客的真实需求，美甲师只有了解顾客的需求点，才能更好地服务于顾客。

2. 美甲师应根据顾客需求，准确地介绍服务项目的内容，在与顾客沟通

过程中，明确告知服务价格，并确认顾客是否认同，避免出现价格误会，让顾客感到不满意。

3．对首次进行美甲服务的顾客，美甲师应为其建立顾客服务档案，记录顾客的服务信息，做好预约，并及时提醒顾客下一次的服务时间。美甲师在完成服务工作后，应做好服务记录，做到发现问题及时总结，及时改进，并根据顾客档案，提供满意服务。

4．美甲的工作环境要整洁、温馨。美甲师要及时清理工作台，要将金属工具放入消毒盒内，毛巾要及时消毒，让顾客享受美甲服务时感到舒服、放心、满意。

思考与练习

1．简述职业道德的定义。
2．简述美甲师职业道德的概念。
3．职业道德的特征可以从哪几个方面来讲述？
4．美甲师的职业守则是什么？
5．美甲师的礼仪规范内容是什么？
6．美甲师与顾客沟通交谈的目的及注意事项是什么？

美甲师（五级）

第2章　美甲基础知识

─────── 引导语 ───────

　　美甲基础知识是作为职业美甲师必须学习和掌握的。职业美甲师应该以科学的、严谨的表述来诠释指甲的基础知识，并以科学的技术操作程序，为顾客提供相应的美甲服务。

第1节　美甲与美手文化

学习目标

● **了解**　美甲与美手文化的起源与发展
● **掌握**　美甲与美手文化的重要原则

一、美甲与美手文化的起源与发展

　　美甲与美手文化起源于人类文明的发展时期。中国早在公元前3 000年就出现了用蜂蜡、蛋白与明胶制作的指甲油。在中国古代，地位很好的男人、女人都留着超长的指甲，以显示他们的身份、地位，清朝时期的皇宫贵妇人们用镶珠嵌玉的豪华金属指甲套，以保护她们精心装饰的指甲。

　　中国古代妇女以自己的手纤柔洁白为美，为了使自己的双手美丽，很早就开始修饰自己的双手。美甲包含在美手的内涵中，美手为美甲奠定了基础，提供了前提，美甲在美手的基础上凸显出手的独特、靓丽、修长。美手与美甲在古代被融合为一体，形成独特的文化。

　　美手的文化特征符合21世纪美甲

行业的服务特点。手是人的第二张脸，一双修长、秀美、色彩艳丽的手能格外增加女性魅力。现代女性追求个性化，要求也是与众不同，美手文化独具的特性，完全符合她们展示自我，追求时尚魅力的要求，这些都给美甲师提供了广阔的发展空间。

二、美甲与美手文化的表现形式

1. 文学

以文学为载体的表现形式对美手极尽歌咏赞叹。以文字之美来展示手的魅力和勤劳，在美手文化中最具文学性。

2. 舞蹈

舞蹈也是非常重要的表现形式。舞蹈是肢体艺术，在舞蹈中，手做出种种生动灵活、优美的动作来表达各种意义。这种表现形式非常直观，具有震撼的力量。

3. 戏曲和魔术

戏曲和魔术也是美手文化的不同表现形式。戏曲和魔术在表演过程中，通过手的生动手势，体现出人们内心中的喜、怒、哀、乐。用手势来表现生活中的故事情节，体现出艺术的创造性。

美甲师（五级）

11

三、美甲与美手文化的重要原则

1．健康

美甲与美手文化的首要原则就是健康。人们首位关心的是健康，要健康就必须以科学为基础，尊重人体健康的科学逻辑，这样才能使美甲与美手文化焕发出健康自然的光彩，所以美甲与美手文化是一项拥有科学健康时尚的现代文化。

2．唯美

美甲与美手文化追求唯美。每个人双手手形的大小，手指的粗细、长短都不一样，美甲与美手要根据不同人手的形状、大小、特点，构成每个人所独有的韵味，从而带有强烈的个人性格特色，就形成了美甲与美手文化唯美的基本内涵。

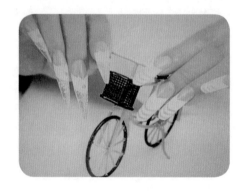

第2节　美甲的分类与发展

学习目标

● **了解**　美甲形式的分类
● **了解**　现代美甲的发展及未来趋势

一、美甲的分类

美甲按形式可以分为以下三种类型：

1. 实用型

实用型美甲主要体现它在生活中的实用性。在美甲服务项目中，最多的服务是对手、足部的护理、保养及修剪工作。顾客首先关心的是指甲的健康，其次才是指甲的美丽、时尚，所以实用型美甲比较贴近人们的生活。

2. 观赏型

观赏型美甲艺术表现为色彩斑斓，根据整体造型的需要在指甲表面设计出符合主题内容的彩绘艺术指甲。观赏型美甲可以令人耳目一新，创意无限。

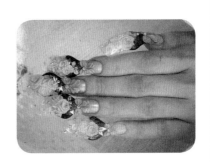

3. 表演型

表演型美甲艺术是以文化主题和整体造型为创意，以舞台表演为目的的艺术形式。它可以充分地表现不同民族的文化和特色。

二、现代美甲的发展

现代美甲兴起于20世纪30年代，美国好莱坞的明星、名流贵妇及英国皇室贵妇们开始接受美甲技术服务。各类晶莹璀璨的美甲令好莱坞的明星们如醉如痴，法式贴片水晶甲的出现风靡了巴黎，也席卷了世界。

21世纪美甲出现平民化趋势，由于美甲的流行，对美甲师的要求日趋严格。美甲师必须经过严格的训练，具备美学、心理学、生理学、审美学等方面

美甲师（五级）

的知识，以更好的服务满足顾客的需要。

目前中国美甲业已渐成市场，美甲店由小作坊式逐步过渡到美甲沙龙、专业美甲店，成为文化交流、艺术沟通、休闲娱乐、洽谈生意的场所。目前中国人的美甲消费水平与西方发达国家相距甚远，所以21世纪美甲业将成为中国的"朝阳产业"。

第3节　指甲的基本常识

学习目标

● **了解**　自然指甲的生长规律及影响指甲生长的因素
● **掌握**　指甲的基础概念、基本结构及作用

能够用科学的方法和正确的理论来指导美甲服务

一、指甲概述

指甲的主要成分是角质素，角质素由蛋白质组成，也称角蛋白质。指甲是指端皮肤的附属物，起到保护手指和脚趾末端的作用。指甲的颜色呈白色半透明，光线可以投射出指甲下面甲床的毛细血管，使指甲呈现出粉红色。

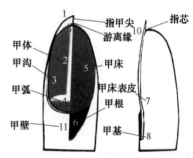

指甲结构图

健康的指甲应该是光滑、亮泽、圆润、饱满、表面无斑点、无凹凸及楞纹，含水量在18%左右，表面呈现平滑的弧形，坚实而有弹性，呈粉红色。

二、指甲的生理结构及作用

1. 甲基

甲基位于指甲根部，作用是产生组成指甲的角蛋白细胞。甲基含有毛细血

管、淋巴管和神经。甲基从人体内吸取营养后，依其细胞再生及硬化过程而组成指甲的角质蛋白细胞。

甲基产生的细胞构成了指甲板。甲基的大小和形状决定着指甲的厚度和宽度，甲基区越宽，指甲板也就越宽；甲基区越长，指甲板越厚，因此称甲基为指甲生长的源泉。

甲基在获得充分的营养、保持健康的状态时，指甲会健康生长，当甲基受到损伤时，将使指甲迟缓或畸形生长。

2. 甲根

甲根位于指甲根部且埋藏在皮肤下面，极为薄软，它从活跃的生长组织甲母中吸取营养，不断地产生新的指甲角质蛋白纤维，推动指甲向前生长，促进指甲的新陈代谢。

3. 指甲前缘

指甲前缘是指甲顶端延伸出甲床的末梢指甲部分。由于下部无支撑部分，缺乏水分和油分，容易断裂，要单方向打磨。

4. 甲床

甲床位于甲板的下面，富含毛细血管，使甲体呈现出粉红色。甲床的颜色与人们的健康有很大的关系。如指甲发白，说明贫血或血液循环不好，指甲铁青色或灰白色，为肝、胆状况不佳或有血液疾病。

5. 甲弧

甲弧位于甲根与甲床的连接处，呈白色半月形，附在甲根与甲床的连接处。甲弧的下面是甲母。甲弧颜色呈白色混浊状，反映了未成熟的甲体细胞颜色。

6. 角质层和指皮

角质层是指甲后缘的一部分，指皮是覆盖在指甲根部上的一层皮肤，正常的表皮护膜是松软而柔润的，其作用是保护甲根及指甲。老化的指皮（死皮）紧紧贴在指甲的缘上，使指甲显得短小。

美甲师（五级）

7. 指芯

指芯是指甲前缘下的薄层皮肤，十分敏感，指芯受损伤时会引起指甲萎缩。

8. 甲沟

甲沟位于甲板两侧及甲板周围的皮肤之间凹陷处，是指甲生长所依循的轨迹。

9. 甲壁

甲壁是指抱住甲体两侧的皮肤。

三、指甲的年龄变化及生长规律

指甲依年龄而言，越年幼的生命，指甲生长速度越快，即小孩的指甲生长速度比老人的指甲生长速度要快得多。

经常运动的手，血液循环加快，其指甲生长速度比一般人的快，男性的指甲生长速度一般也比女性的快。

指甲生长的周期为半年，一般每个月生长3 mm左右。指甲生长速度随季节而发生变化，夏季由于天气热，指甲的新陈代谢加快，指甲的生长速度也加快；冬季指甲的生长速度则较慢。

脚趾甲比手指甲厚而硬，由于缺乏运动，其生长速度比手指甲慢一倍，即每个月生长1.5 mm左右，大概一年为一个生长周期。

四、指甲护理基本要求

1. 美甲师在给顾客做指甲护理时，首先要消毒自己的双手，再消毒顾客的手，以防有细菌传染。

2. 在指甲修形时，要用手指轻轻按住甲母和甲根部位，以免伤及根部，损伤指甲生长。

3. 如指甲后缘有死皮，可以把手放在手碗中用温水浸泡1 min左右，后用热毛巾擦干，轻轻将死皮推起剪除。

4．指甲抛光时，粗抛要单方向抛磨，细抛可以来回抛磨，再用蜡条把指甲的真实亮度打磨出来，让指甲清洁光亮。

5．在指甲指皮上涂营养油，按摩指甲根部及甲母，可促进新陈代谢，使指甲健康生长。

思考与练习

1．美甲与美手文化的表现形式是什么？

2．美甲与美手文化的重要原则是什么？

3．指甲的基本概念及健康指甲的特征是什么？

4．指甲的生理结构及作用是什么？

5．简述指甲护理技巧和方法？

美甲师（五级）

第3章　美甲材料与工具

────── 引导语 ──────

　　美甲材料与工具是美甲师在工作时需要全面了解的。掌握美甲材料与工具的特点、使用和保养方法，可以提高美甲服务质量，令顾客满意，同时体现美甲师的职业素质。

第1节　美甲材料与分类

学习目标

- **了解**　美甲材料的化学知识、分类
- **掌握**　美甲材料的主要成分及使用方法

美甲材料可分为必备品、特殊用品两类，具体如下：

一、美甲必备品

1. 浓度为75%的酒精

浓度为75%的酒精用于手、足部及指甲表面的清洗、消毒。一般在清除指甲表面的油污、清洁指甲前缘和消毒工作中使用。

2. 消毒液

消毒液使用在手部护理及制造人造指甲之前，用于消毒美甲工具，是美甲操作中必备的消毒用品，能有效地防止病菌传染，具有较强的杀菌力。

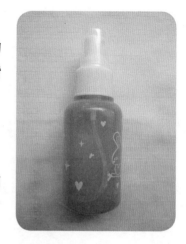

3. 消毒液容器

消毒液容器主要用于盛放消毒液，消毒美甲工具。

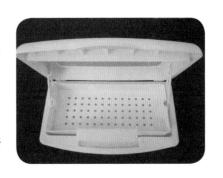

4. 碘酒

碘酒主要用于剪破、刺伤等伤口的清洗处理。

5. 营养油

营养油用于滋润指甲周围的皮肤和指甲表面。

6. 底油

底油透明或呈粉红色，在涂有色指甲油前使用，可增强指甲油的附着力，用于保护指甲面不被丙酮类物质腐蚀。

7.亮油

亮油为透明指甲油，涂抹在有色指甲油表面，使其有光泽、保持色彩艳丽。

美甲师（五级）

8. 紫外线亮油

紫外线英文简称UV，用于加强和保护指甲，能使水晶甲抗紫外线能力增强，保持光泽，防止指甲表表面发黄变质，使指甲油光亮持久。

9. 彩色甲油

彩色甲油含有各种颜色的色素，用于修饰美化指甲，使手显得更修长美丽，具有魅力。

10. 棉球

棉球用于清除指甲上的指甲油和指甲上的各种污渍。

11. 橘木棒

橘木棒用于制作棉签，清除指甲上的死皮，甲沟、甲壁等处残留的甲油，污渍等。

12. 粉尘刷

粉尘刷用于指甲护理时清洁自然指甲，以及做水晶甲贴片甲时清除粉尘。

13. 浸泡手碗

手碗用于浸泡手指，使用时应加入温热水和适量的护理液或精油。一般浸泡手指1~2 min。

14. 毛巾

毛巾用于擦干浸湿的双手或双脚，也可让顾客做手护理时垫在手枕上。

15. 小剪刀

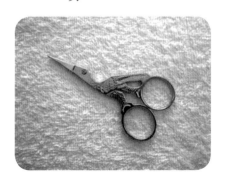

小剪刀用于裁剪丝绸网、纸托或装饰品等物品时使用。

16. 小镊子

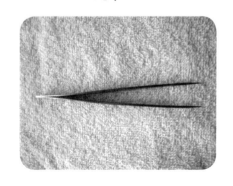

小镊子用于夹贴花、镶钻、指甲饰物等物品时使用。

17. 玻璃碗

玻璃碗可在卸甲时使用。将卸甲倒入玻璃碗内，指甲在内浸泡10~15 min。

美甲师（五级）

18. 甲片盒

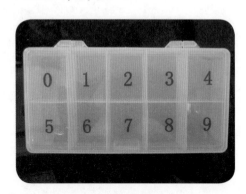

19. 隔趾海绵

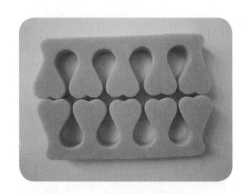

甲片盒用于盛放指甲甲片,可按1～10号大小分别放置。

隔趾海绵可夹在脚趾间,使脚趾分隔开来,以便于甲油的涂抹。

20. 一次性纸巾

一次性纸巾为美甲工作过程中的辅助用品。

21. 垃圾袋

垃圾袋用于盛放美甲服务时产生的废物、垃圾。

二、美甲特殊用品

1. 洗甲水

洗甲水可分内含丙酮与不含丙酮两类,用于清除指甲油时使用。洗甲水的主要成分中,含有维生素E和蛋白素,在去除指甲表面残留指甲油及污垢的同时,还能使指甲及皮肤保持滋润及光泽,适合任何指甲使用。

2. 护理浸液

护理浸液一般在浸泡手的时候加入水中，达到清洁、放松皮肤的作用。

3. 指皮软化剂

指皮软化剂一般涂抹在指甲后缘的死皮上，用来软化死皮，使之易于去除。

4. 指甲油稀释液

指甲油稀释液用于稀释较黏稠的指甲油。

5. 贴片胶

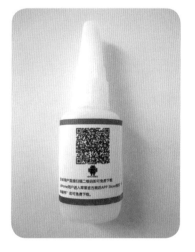

贴片胶用于粘贴指甲贴片或指甲上的镶钻、装饰物等。

美甲师（五级）

6. 指甲贴片

指甲贴片有全贴片、半贴片、浅贴片、彩色贴片等各种款式。粘贴在自然指甲上起到美化指甲的作用。

7. 去角质霜

去角质霜用于去除手部或脚趾皮肤上的角质层，使皮肤细腻光滑。

8. 按摩膏

按摩膏用于手足部护理按摩服务，起润滑和营养的作用。按摩膏含有丰富的油分，可将皮肤清洁干净，保护皮肤的呼吸功能。

9. 润肤霜

润肤霜用于手部或足部皮肤的滋润，使皮肤得到保护。

10. 消毒干燥黏合剂

消毒干燥黏合剂是甲基丙烯酸酯和有机酸的合成物，用于把水晶甲片粘贴在自然指甲上，杀菌脱水，使水晶指甲更牢固地粘贴于自然指甲上。

11. 指托板

指托板固定于自然指甲上，用于制作水晶光疗指甲前缘。

12. 水晶甲液杯

水晶甲液杯盛放水晶甲液，为避免水晶甲液挥发，用完后要盖好杯盖。

13. 水晶笔

水晶笔用优质的动物尾毛制作而成，是用来做水晶指甲的专用工具。

14. 洗笔水

洗笔水是特制丙酮混合液，用于清洁水晶笔中的水晶残余甲酯，使水晶笔清洁耐用。

15. 水晶甲液

水晶甲液的成分是甲基丙烯酸酯的单体，与水晶粉混合时产生化学反应，即聚合反应，转化成坚硬的物质，从而制作出水晶甲。

16. 水晶甲粉

水晶甲粉是甲基丙烯酸酯的聚合物，与水晶甲液混合时产生聚合固化反应。

美甲师（五级）

27

17. 卸甲液

卸甲液是含蛋白素、香料的丙酮制剂，主要成分是有机溶液，用于卸除各种人造指甲。

18. C弧定型器

C弧定型器为制作水晶甲时塑造指甲前缘形状时使用的工具。

19. 彩色甲粉

由于色素的添加，使水晶甲粉呈现出多彩的色泽，可以配合水晶甲液做各种立体、三维雕塑，或做彩色水晶指甲时使用。

21. 结合剂

结合剂又称"基础胶""底胶"，它主要起到黏结的作用，在制作光疗指甲时，能够使自然指甲与光疗胶很好地黏合。

20. 镭射甲粉

在彩色水晶甲粉的基础上添加镭射亮粉即为镭射甲粉。制作出的水晶指甲具有梦幻般璀璨效果。

22. 基础凝胶

基础凝胶包括粉红凝胶、透明凝胶、加白凝胶三种。

23. 彩色凝胶

彩色凝胶有多种颜色,可单独制作指甲延长部分,也可附在透明胶上起到为指甲增添色彩的作用。

24. 封层胶

封层胶主要起到封层和保护指甲的作用,又可以使指甲保持长时间的光泽亮丽。

25. 上光清洁剂

上光清洁剂可以清洁、除胶,能迅速去除光疗指甲表面残留的凝胶,使光疗指甲光滑亮丽。

26. 各种人造钻石,吊饰等饰物

人造钻石、吊饰等饰物可用指甲片胶水粘贴在指甲表面,用做指甲装饰。

美甲师(五级)

第2节 美甲工具与分类

学习目标

了解 美甲工具的分类
掌握 美甲工具、设备的使用方法及美甲工具的用途

常用的美甲工具按功用可分为修剪用具、打磨工具、美甲设备三大类型。

一、修剪用具

1. 指甲刀

指甲刀用于修剪所有类型指甲的长短或形状。

2. U形剪

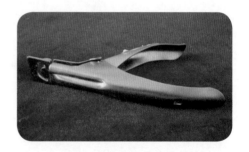

U形剪用于修剪贴片指甲的前缘长度。

3. 指皮推

指皮推用于推起指甲后缘处老化的指皮。

4. 指皮剪

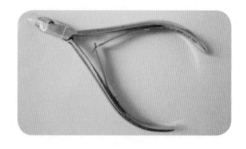

指皮剪用于剪去老化的指皮（死皮）。

5. V形推叉

V形推叉用于推起指甲甲沟，甲壁处与硬指皮。

二、打磨用具

打磨砂条是重要的打磨用具。打磨砂条的型号代表每平方英寸的面积上所含磨砂颗粒的密度，颗粒密度越高，打磨砂条的型号越大、越柔软；颗粒密度越低，打磨砂条的型号越小，打磨性越强。

1. 100#打磨砂条

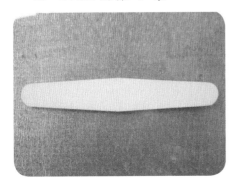

100#打磨砂条具有较强的打磨性，用于贴片甲、水晶甲操作的刻磨和修形。

2. 150#打磨砂条

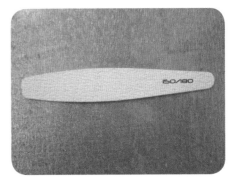

150#打磨砂条具有中度打磨性，用于丝绸甲、贴片甲表面刻磨及修形。

3. 180#打磨砂条

180#打磨砂条比较柔软，用于自然指甲前缘修型或水晶甲、后缘处的修整及指甲表面修整。

4. 粗细抛光条

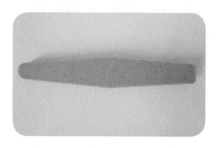

　　粗抛光用于自然指甲和水晶指甲的抛光。抛光时不能来回抛，要单方向抛。细抛光用于自然指甲、半贴片指甲、水晶甲表面打磨，可以来回打磨，做最后的抛光，使指甲表面光滑。

5. 抛光蜡条

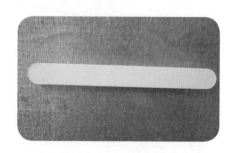

　　抛光蜡条用于自然指甲，水晶甲表面的打磨、抛光，蜡条上有一层蜡膜，抛光后指甲有光泽。

6. 搓脚板

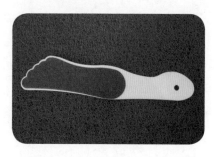

　　搓脚板用于磨除脚上的老茧。

7. 抛光皮搓

　　抛光皮搓为羊皮面，用于自然指甲上抛光蜡的打磨、抛光。

三、美甲设备

1. 美甲工作台

　　美甲工作台是为顾客提供美甲服务时的操作台。

2. 台灯

用于美甲工作时的照明，可以固定在工作台上，便于控制调节。

3. 垫枕

在美甲服务时，垫枕用于托垫顾客的胳膊。

4. 工作椅

工作椅为美甲师做服务时所坐的椅子。

5. 顾客椅

顾客椅为美甲服务时顾客坐的椅子。

6. 工具箱

工具箱用于盛放美甲师的美甲工具和材料。

7. 美甲样品展示板

美甲样品展示板用于展示各种美甲样品。

美甲师（五级）

8. 托盘

托盘用于盛放美甲服务时所需工具和产品。

9. 足浴SPA椅

足浴SPA椅用于对足部进行护理、清洁、按摩服务。

10. 蜡膜机

蜡膜机内放上蜜蜡，接通电源加热溶化蜜蜡，为顾客做手、足护理时制作蜡膜。

11. 烘干机

烘干机用于烘干指甲油。

12. 超声波脱甲机

超声波脱甲机中倒入卸甲液，加热振动后用于脱去水晶指甲、贴片指甲，或加水清洗指芯敏感顾客的指甲。

13. 电动打磨机

电动打磨机用于打磨指甲前缘，修复水晶指甲，打磨、抛光、修理指皮等。

在进口的各种品牌打磨机中，有小巧玲珑、内装电动、便于携带的，也有电源带动的功率大、效率高，适于美甲服务营业时用的打磨机。使用国外进口的电动打磨机时，要注意其适用电压的范围，必要时须配备变压器。

14. 打孔钻

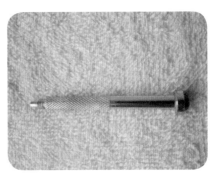

打孔钻用于在指甲上合适的位置钻孔，悬挂饰物以装饰指甲。

15. 钻石盒

钻石盒用于盛放钻石、饰物。

思考与练习

1. 美甲材料可分为哪几类？
2. 美甲工具按功能划分可分为哪几类？
3. 电动打磨机的用途是什么？
4. 洗甲水的作用是什么？
5. V形推叉的作用是什么？

美甲师（五级）

第4章　美甲卫生知识

引导语

　　美甲师必须掌握与指甲有关的卫生常识，科学美甲、健康美甲离不开美甲卫生基础。讲究社会公德，注意个人卫生，既是自身修养的体现，也是对他人的尊重。美甲师应该成为讲卫生的楷模，用自身良好的卫生习惯来营造美甲安全、优美环境。

第1节　指甲的卫生常识

学习目标

● **掌握**　细菌学常识
● **掌握**　有关美甲服务卫生的常识

一、细菌的种类

　　细菌的种类有上千种，但可将其分为两类，即有害细菌和无害细菌。

　　有害细菌被称为病原菌，它们进入人体内能迅速繁殖，并通过分泌有毒物质而毒害人体。所以在美甲服务中保持个人清洁和采取消毒措施是必不可少的。无害细菌对人体没有危害，而且其中一些甚至还是对人体有益的。无害细菌约占细菌总数的70%以上。

二、细菌的形状

细菌形状可分为以下几种：

1. 螺旋菌

螺旋菌的细胞呈螺旋形。

2．球菌

球菌的细菌呈圆形或卵圆形。

3．杆菌

杆菌细胞呈长条形。

三、消毒的重要性

消毒可使美甲工具保持清洁，免受细菌污染。消毒杀菌是保障顾客和美甲师健康的基础，其目的在于保持良好的公共卫生。采用正确的消毒杀菌措施，可使细菌数量减少到不至于危害人体的程度。

第2节　美甲师的个人卫生

学习目标

● **掌握**　美甲师个人卫生应注意的问题

一、定期体检

健康上岗是美甲师的职业要求，所以美甲师要定期体检，保证身体健康。

二、头发卫生

美甲师的头发要保持清洁。要经常洗头，工作时应将头发盘起，避免影响操作。

三、面部卫生

美甲师的面部皮肤要洁净、润泽，肤色健康。女性从业人员上岗要化淡妆，但不要浓妆艳抹，以免给顾客不真实的感觉。

美甲师（五级）

四、口腔卫生

美甲师要面对面地与顾客进行交流和沟通，因此要保持口气清洁，无异味。

五、手部卫生

美甲师在美甲服务操作前，应先洗净手，用清毒液清洁双手后再为顾客服务。美甲师的手部要经常接触顾客的皮肤，所以清洁工作十分重要。

六、服饰卫生

美甲师进行美甲服务操作时，要穿戴工作服、套袖和一次性口罩。美甲师的工作服要舒适、合体、美观大方。工作服要经常清洗消毒，避免有异味。

思考与练习

1. 细菌有哪些种类？
2. 细菌根据不同形状可分为几种？
3. 美甲师的个人卫生要求是什么？
4. 消毒的重要性是什么？

第5章 美甲相关法律法规

———————— 引导语 ————————

　　学习相关的法律法规知识，严格按照法律、法规进行美甲服务，既是社会的要求，也是美甲师职业道德的要求，美甲师不仅应该用法律约束自己的行为，还应用法律保护自己的合法权益。学习相关的法律、法规知识对美甲师的职业生涯具有指导意义。

第1节　《中华人民共和国劳动合同法》相关知识

学习目标

● **了解**　劳动合同法的概念
● **了解**　劳动合同的订立
● **掌握**　劳动合同的相关法律知识

一、《中华人民共和国劳动合同法》的概念

　　《中华人民共和国劳动合同法》的制定是为了完善劳动合同制度，明确劳动合同双方当事人的权利和义务，保护劳动者的合法权益，构建和发展和谐稳定的劳动关系。

　　《中华人民共和国劳动合同法》包括总则、劳动合同的订立、劳动合同的履行和变更、劳动合同的解除和终止、特别规定、监督检查、法律责任和附则共八章。自2008年1月1日起施行。

二、劳动合同的订立

　　《中华人民共和国劳动合同法》规定，用人单位自用工之日起即与劳动者建立劳动关系。用人单位应当建立职工名册备查。用人单位招用劳动者时，

应当如实告知劳动者工作内容、工作条件、工作地点、职业危害、安全生产状况、劳动报酬，以及劳动者要求了解的其他情况；用人单位有权了解劳动者与劳动合同直接相关的基本情况，劳动者应当如实说明。用人单位招用劳动者，不得扣押劳动者的居民身份证和其他证件，不得要求劳动者提供担保或者以其他名义向劳动者收取财物。

建立劳动关系，应当订立书面劳动合同。已建立劳动关系，未同时订立书面劳动合同的，应当自用工之日起一个月内订立书面劳动合同。用人单位与劳动者在用工前订立劳动合同的，劳动关系自用工之日起建立。

三、劳动合同的解除和终止

用人单位与劳动者协商一致，可以解除劳动合同。劳动者提前三十日以书面形式通知用人单位，可以解除劳动合同。劳动者在试用期内提前三日通知用人单位，可以解除劳动合同。

四、劳动合同法在美甲行业的应用

美甲店招聘美甲师时，应按照国家颁布的劳动合同法与美甲师签订劳动合同；解聘美甲师时，应按照相应的法律规定与美甲师协商一致。

第2节　《中华人民共和国消费者权益保护法》相关知识

学习目标

● **了解**　消费者权益保护法的概念
● **了解**　消费者的权利和义务

一、《中华人民共和国消费者权益保护法》的概念

《中华人民共和国消费者权益保护法》是调整消费者在购买、使用商品或

美甲师（五级）

接受服务过程中与经营者在提供其生产、消费的产品或者提供服务中发生的经济关系的法律规范的总称。《中华人民共和国消费者权益保护法》规定，在交易过程中应当遵循自愿、平等、公平和诚实信用的原则。

二、消费者的权利

1. 消费者享有公平交易的权利。

2. 消费者因购买、使用商品或者接受服务受到人身、财产损害的，享有依法获得赔偿的权利。

3. 消费者享有依法成立维护自身合法权益的社会团体的权利。

4. 消费者享有获得有关消费和消费者权益保护方面的知识的权利。

5. 消费者在购买、使用商品和接受服务时，享有其人格尊严、民族风俗习惯得到尊重的权利。

6. 消费者享有对商品和服务以及保护消费者利益工作进行监督的权利。

三、经营者的义务

1. 经营者向消费者提供商品或服务，应当按照《中华人民共和国产品质量法》和其他有关法律、法规的规定履行义务。经营者和消费者有约定的，应当按照约定履行义务，但双方的约定不得违背法律、法规的规定。

2. 经营者应当听取消费者对其提供的商品或服务的意见，接受消费者的监督。

3. 经营者应当保证其提供的商品或服务符合保障人身、财产安全的要求。

4. 经营者应当向消费者提供有关商品或服务的真实信息，不得作引人误解的虚假宣传。经营者对消费者就其提供的商品或服务的质量和使用方法等问题提出的询问，应当作出真实、明确的答复。商店提供商品应当明码标价。

5. 经营者应当标明其真实名称和标记。租赁他人柜台或场地的经营者，应当标明其真实名称和标记。

6. 经营者提供商品或服务，应当按照国家有关规定或商业惯例向消费者

出具购货凭证或服务单据；消费者索要购货凭证或者服务单据的，经营者必须出具。

7. 经营者应当保证在正常使用商品或者接受服务的情况下其提供的商品或服务应当具有的质量、性能、用途和有效期限；但消费者在购买该商品或接受该服务前已经知道其存在瑕疵的除外。经营者以广告、产品说明、实物样品或其他方式表明商品或服务的质量状况的，应当保证其提供的商品或服务的实际质量与表明的质量状况相符。

8. 经营者提供商品或服务，按照国家规定或与消费者的约定，承担包修、包换、包退或其他责任的，应当按照国家规定或约定履行，不得故意拖延或无理拒绝。

9. 经营者不得以格式合同、通知、声明、店堂告示等方式作出对消费者不公平、不合理的规定，或者减轻、免除其损害消费合法权益所应当承担的民事责任。格式合同、通知、声明、店堂告示等含有前款所列内容的，其内容无效。

10. 经营者不得对消费者进行侮辱、诽谤，不得搜查消费者的身体及其携带的物品，不得侵犯消费者的人身自由。

四、国家对消费者合法权益的保护

消费者和经营者发生消费者权益争议的，可以通过下列途径解决：

1. 与经营者协商和解。
2. 请求消费者协会调解。
3. 向有关行政部门申诉。
4. 根据与经营者达成的仲裁协议提请仲裁机构仲裁。
5. 向人民法院提起诉讼。

五、消费者权益保护法在美甲行业的应用

顾客在接受美甲服务过程中，美甲师及经营者要遵循自愿、平等、公平和诚实信用的原则，保障消费者的合法权益，促进美甲市场的健康发展。经营者及美甲师在履行义务的同时，要切实保障顾客权利的实现，如发生争议，应通

美甲师（五级）

过合法、适当的途径和手段解决。

第3节 《中华人民共和国环境保护法》相关知识

学习目标

- **了解** 环境保护法的概念
- **能够** 遵守环境保护法的相关规定

一、《中华人民共和国环境保护法》的概念

《中华人民共和国环境保护法》是指调整保护环境、防治污染和其他公害方面关系的法律规范的总称。主要包括对大气、水、噪声等的防治。为保护和改善生活环境与生态环境，防治污染和其他社会公害，保障人体健康，促进社会主义现代化建设的发展。

二、环境保护法在美甲行业的应用

美甲师和经营者应遵守《中华人民共和国环境保护法》，为顾客提供无毒、无公害、无污染、高品质的服务，以保证顾客的身体健康。同时有义务保护好周边环境，按照国家环境质量标准从事经营服务。

思考与练习

1. 《中华人民共和国劳动合同法》规定劳动者有哪些权利和义务？
2. 根据《中华人民共和国劳动合同法》的规定，用人单位应为美甲师提供哪些保障？
3. 美甲师若与顾客发生争执，应采取什么途径解决？
4. 美甲师应该如何保护环境？

陆

第6章　接待与咨询

甲师（五级）

MEIJIASHI

---- 引导语 ----

美甲师与顾客初次接触时的职业态度是美甲服务的重要环节。

美甲师不仅要具备专业知识，还要有更丰富而广泛的知识，在回答顾客提出的各种问题时，要对答如流，最主要的是通过对顾客知其所需，达到供其所求的目的；担任接待咨询工作，要懂得如何与顾客沟通，如何满足顾客的消费需求；在工作中要不断提高自身的各种素质，经常总结经验，让顾客对美甲师的服务感到满意。

第1节　接待

学习目标

● **能够**　使用文明礼貌用语来接待顾客
● **能够**　微笑服务顾客

一、接待来访的顾客

1. 接待新顾客

（1）迎宾。由接待人员面带微笑在门口主动为顾客开门，或站在柜台前迎接顾客。

（2）问候。接待人员目光亲切地注视顾客，向顾客问好："您好！欢迎光临！""有什么可以为您服务的？""您需要什么服务呢？"同时要帮助拎拿顾客手中的物品。

（3）沟通。接待人员请顾客坐下，通过简单的沟通和询问，了解顾客的服务要求，达到美甲服务的目的。

（4）介绍。接待人员在介绍服务项目时应主动提供价目表或美甲图片册，为顾客介绍相应收费标准的美甲服务项目，并为顾客推荐适合的美甲师为其提供服务。

（5）安置。接待人员引导顾客坐在被服务的位置上，并将顾客的要求准确地告诉为其服务的美甲师，以便美甲师提供正确的服务。

2. 接待老顾客

（1）做好每天的工作计划，准备好老顾客名单和预约时间表。

（2）及时打电话预约老顾客，自己不要迟到。如果因为某种原因晚到，一定要打电话通知顾客。

（3）如果因为顾客太多，今天不能完成或者有的顾客有急事不能久等，应请其他美甲师为这位顾客服务，或重新预约时间。

（4）要尊重每位顾客，不要和老顾客开过分的玩笑，不要叫顾客的绰号。

（5）不谈私事，不背后议论人，不评论同事手艺。

（6）经常向顾客传播美甲文化，与老顾客谈谈美甲服务以及最新的国内、国际美甲方面的资讯，了解她们的需求。这一点对于提高自身服务素质及技术能力都很有帮助。

二、美甲各类服务项目收费标准

由于全国各地的物价水平不同，所以美甲各类服务项目的收费标准应当根据当地实际情况灵活制定。

三、美甲服务的注意事项

1. 美甲工作台不要杂乱无章，不要把食品、饰物等非专业用品放在工作台上。

2. 工作时间不要大声喧哗、言语粗俗、口嚼食物或抽烟。

3. 不要议论顾客、同事、领导的个人隐私。

4. 与顾客沟通时少说多听、不争论，始终保持愉快的心情。

5. 与顾客、同事、领导的意见发生分歧时，不要大声指责，不要影响企业形象。

四、微笑服务的意义

1. 美甲师面对顾客时应始终面带微笑，微笑可以打破紧张局面，自然地表露友好、热情与关切，让顾客有一种宾至如归的感受。

2. 美甲服务人员的微笑应是发自内心的，让顾客得到最舒适和完美的服务。

3. 美甲师面带微笑接待顾客，可以给顾客好心情，让顾客全身心地放松。

第2节 咨询

学习目标

● **掌握** 美甲师接待顾客时的职业态度
● **能够** 正确回答顾客指出的基本的美甲专业问题

一、美甲师接待顾客需要具备的职业态度

1. 顾客打电话咨询美甲服务，接听顾客电话时声音应悦耳，轻柔可亲，事先准备好电话记录本和笔，顾客会因为美甲师热情、周到、细致的解答而上门接受服务。

2. 顾客来美甲店咨询，要先致以亲切的问候，再通报自己的工作职务，表示愿意为对方提供服务。

3. 对顾客咨询的内容，尽量给予清晰的问答。请顾客参观美甲系列展品，并做介绍，正确引导顾客消费。

4. 正确回答和介绍服务项目，在服务过程中介绍美甲护手常识，为顾客推荐适宜的服务项目。

二、美甲的主要任务

美甲的主要任务可以概括为对指甲的修剪、保养、美化设计及手部皮肤的

清洁护理和各种问题类指甲的处理工作。

美甲师的主要职能是护理和美化指甲，修脚技师是帮助顾客解决一些脚部疾患（鸡眼、嵌甲）等，两者所用的工具和掌握的技术是不一样的，所以，当顾客的问题只有修脚技师才能解决时，美甲师就不要盲目处理，以免发生危险。

三、美甲专业问题咨询

问1：指甲上有白斑点是什么原因？

白斑可能是由于缺乏锌等营养元素，或指甲受损，空气侵入所造成的，也可能是由于长期接触砷等重金属中毒，而使指甲表面产生白色横纹斑，或是由于指甲缺乏角质素所造成的。这种情况只需要定期做手部护理、指甲护理和人造指甲即可。

问2：为什么有些人很喜欢咬指甲？

一些人喜欢咬指甲，是由于内分泌失调或先天性疾病导致体内缺钙或某些矿物质所造成的。

处理方法：一是鼓励顾客定期做指甲护理和正确的营养调理；二是做人造指甲，可以改变咬指甲的毛病。

问3：做手护理有什么作用？手、足护理有季节性吗？

做手护理的作用是改善皮肤，延缓衰老，促进血液循环，增强手部肌肉的弹性。通过对手部按摩，可使皮肤恢复弹性并且光洁、润泽，达到防止皮肤老化、消除疲劳、恢复体力、放松肌肉及经络、促进新陈代谢的目的。手、足护理没有季节性，一年四季都可以做。

四、美甲方案设计原则

美甲师应根据顾客感兴趣的服务进行深入讲解，通过和顾客沟通，制定适合顾客的美甲设计方案。美甲设计方案应遵循以下几方面原则来制定：

1. 根据顾客喜欢什么形状的指甲前缘来设定指甲修整的形状。
2. 根据顾客服饰颜色和手指甲的肤色来选择涂指甲油的颜色。

美甲师（五级）

3. 根据顾客的性格爱好特征来设计指甲的图案。

4. 根据顾客的特殊情况，比如结婚，参加特别纪念意义的活动来整体设计指甲的甲油颜色、图案，指甲的造型，突出顾客的个性风格，更具有纪念性意义。

5. 提出服务设计方案和服务价格，获得顾客认同，询问顾客对这种服务方案还有什么意见，确认费用付款方式，以保证美甲服务整个过程让顾客满意。

五、咨询服务的注意事项

1. 咨询服务开始前要准备好笔和顾客登记表。

2. 认真记录顾客的服务项目需求，使顾客感到非常受重视。

3. 与顾客沟通时，要让顾客确认提供服务项目的价格，避免顾客在付款时造成误会。

4. 在为顾客进行美甲服务的过程中，美甲师要认真负责，集中精力，让顾客感到舒服满意。

思考与练习

1. 如何接待来访的新老顾客？

2. 美甲服务时的注意事项是什么？

3. 微笑服务的意义是什么？

4. 美甲师接待顾客需要具备怎样的职业态度？

5. 美甲的主要任务是什么？

第7章　自然指甲护理

—— 引导语 ——

　　自然指甲护理是美甲技术服务项目的基础。在做美甲服务中，自然指甲护理是被顾客要求频率最高的服务项目。因此，美甲师必须熟练掌握自然指甲护理的基本方法和技巧。

第1节　自然指甲修饰

学习目标

● **了解**　棉签的用途及制作程序
● **掌握**　各种指甲产品的涂抹方法

一、棉签的用途及制作程序

1. 棉签的用途

　　棉签的作用是在指甲或皮肤表面涂抹油剂、指皮软化剂，可以用于消毒，也可用于清理指甲前缘下端的污渍、油渍，去除多余的指甲油。棉签是美甲服务中最常使用的消耗性材料。

2. 棉签的制作程序

步骤1　洗手，消毒双手和橘木棒。

步骤2　取出消毒棉，将橘木棒插入消毒棉中，转动橘木棒取出一团消毒棉。

步骤3　将裹有消毒棉的一端在拇指和食指之间转动，停止转动，裹紧消毒棉，制作棉签。

　　棉签使用后，用棉片裹住废消毒棉，将其从橘木棒上去除。

二、各种指甲修饰产品的涂抹方法

1. 指皮软化剂的涂抹方法

指皮软化剂用来软化指甲后缘和甲沟周围的老化指皮，软化足部的硬茧，应根据皮肤的水分含量选择pH值为9.10（碱性）的气味纯正的液体。

操作的时候可以使用容器瓶盖上自带的小毛刷涂抹，也可以用棉签涂抹，切不可涂抹在没有死皮的甲盖上，否则会软化指甲盖，使甲盖上出现菱形的波浪。如涂在柔软的指皮上，会出现起倒刺，所以涂指皮软化剂要十分小心。

2. 营养油的涂抹方法

营养油的功能是起到营养、滋润指甲后缘，舒缓疲劳，防止后缘干裂的作用，有助于保养指甲周围的皮肤。使用的时候，用瓶盖自带的小毛刷取适量的营养油，涂抹于指甲的后缘处的皮肤上，轻轻按摩甲根、甲母、手指，直到皮肤吸收。

3. 底油的涂抹方法

底油可以增强指甲油的附着力，用于保护指甲表面不被丙酮类物质腐蚀。底油应在指甲护理精抛清洁后，先用有色指甲油、亮油涂抹在指甲表面，等干后再涂指甲油。

4. 甲油的涂抹方法

（1）正常指甲涂抹法。先涂抹中间后涂抹两边。

（2）较长指甲涂抹法。先涂抹前半部分指甲，再涂抹后半部分，先涂抹中间后涂抹两边。

（3）歪斜指甲涂抹法。以指甲中段宽度校正斜度，先涂抹中间再涂抹两边。

（4）较宽指甲涂抹法。涂抹较宽的指甲，左右留出0.5~0.8 mm狭长的缝隙，视觉上看会比较细长。

注意事项：涂指甲油之前建议顾客将服务费用付清，并将车钥匙、眼镜等取出，避免碰损未干的指甲油。彩色甲油涂抹好，待干了再涂一遍亮油，使彩

美甲师（五级）

色指甲油更亮泽。如果甲油涂到指皮或指甲两侧皮肤上，用棉签蘸去洗甲水，清除溢出的多余指甲油。

特别提示

彩色指甲油的选择原则

应选择黏稠度适中、光泽度高、质地细腻、易干的优质产品甲油。选择涂彩色指甲油时，根据顾客的肤色，服装的款式、颜色、图案、季节特点来决定。还要征求顾客的意见，以顾客的嗜好为主。

三、指甲油的清除方法

1. 棉球清除法

将棉球浸透洗甲水，将棉球放在指甲甲盖上，停3～5 s，用大拇指轻轻按摩、旋转，对指甲表面施轻微压力，由后半部向前半部擦拭。

2. 棉片清除法

将棉片浸透洗甲水，覆盖在指甲表面上停5～10 s，从左手小指开始，在指甲后半部依次轻轻按擦，由后部向前半部擦除指甲油。

3. 棉签清除法

棉签清除法主要适用于清除甲沟中的指甲油，用棉签沿甲沟方向清除残留在甲沟的指甲油。

四、指甲油的取量及涂抹原则

1. 深色系指甲油

红色等深色系指甲油涂抹时一次涂量不要太多，否则会显得过于厚重，不均匀，每遍涂薄一些，效果会更好。涂抹时具体原则如下：

（1）指甲油刷与甲盖面为30°角左右，刷子不要过分平躺，否则会造成涂抹不均匀。

（2）每一次涂取甲油的量应少一些，薄薄涂一层，涂2～3层。

（3）涂完底油后，在涂指甲前先涂指甲前缘内侧，使指甲油不易脱落。

2. 浅色系指甲油

浅粉色等浅色系指甲油很容易露出涂抹不均匀的痕迹，在涂时要注意指甲刷的倾斜角度和甲油取量多少。涂抹时具体原则如下：

（1）指甲油刷与甲盖面为45°角左右，如倾斜过度会造成颜色深浅不均匀。

（2）涂抹甲油取量应稍多点，均匀地涂一层。

（3）可以涂2～3层，效果会更好。

3. 珠光系指甲油

珠光系指甲油干得比较快，涂时速度尽量快一些，珠光系指甲油的珠光质感会带来美的感受，但容易出现深浅不均匀的现象。涂抹时具体原则如下：

（1）珠光系指甲油涂抹时，指甲油油刷与甲面为60°角左右，刷子应直立使用，指甲油油刷越倾斜越会造成不均匀的现象。

（2）珠光系指甲油易干，指甲油刷的取量应充足，涂抹速度要快。

（3）可以涂2～3层，效果比较好。

4. 漆白指甲油

漆白指甲油最难涂抹均匀。涂抹时具体原则如下：

（1）漆白指甲油涂抹时，指甲油刷与甲盖成80°角左右。

（2）指甲油油刷越倾斜越会造成不均匀现象，因此，指甲油油刷要尽量直立，给指甲的压力要恒定，迅速涂抹是关键。

（3）可以涂2～3层，涂第一层要取的量比珠光系还要多些，涂抹速度尽量快。

美甲师（五级）

第2节　自然指甲养护

学习目标

● **了解**　自然指甲护理前的准备工作
● **掌握**　自然指甲规范与操作步骤

一、甲油烘干机的安全使用与维护保养知识

自然指甲护理中需要使用到的一件很重要的设备就是甲油烘干机，在介绍自然指甲养护操作前，首先须了解甲油烘干机的相关知识。

1．甲油烘干机的用途

甲油烘干机是美甲服务中最常用的设备之一，它的用途是使指甲上涂的指甲油快速干燥。

2．甲油烘干机的工作原理

甲油烘干机的工作原理是通过冷、热风加速甲油的干燥，缩短顾客的等候时间，防止发生由于甲油不够干燥造成的破损现象。

3．甲油烘干机的使用

（1）认真阅读说明书，熟悉仪器性能，以便安全操作。

（2）接通电源，打开仪器开关，当手进入自动感应区时，就会有风吹出。

（3）冷暖风切换使用切换开关，一般冬季用暖风，夏季用冷风。

（4）进口设备电压一般是110 V，我国使用电压为220 V，一定要配变压器转换方可使用。

（5）定期检查设备的绝缘状况，发现问题及时处理。

（6）不允许随意更换、拆装仪器元件，产品有问题时应找专业厂家修理。

4．甲油烘干机的维护及注意事项

（1）严格按照仪器使用说明书的步骤进行操作，避免通电时间过长。仪器使用完毕，应立即关闭开关并切断电源。

（2）烘干机的外壳通常是塑料制品，要避免与美甲经常使用的溶剂接触，以免造成外壳腐蚀、损伤。

（3）甲油烘干机严禁用湿手、湿布触摸。擦拭带电仪器要用干净、干燥的布擦拭，以保持其清洁、干燥。

二、自然指甲护理工作程序

1. 护理准备

步骤1　美甲师消毒清洁自己的双手。

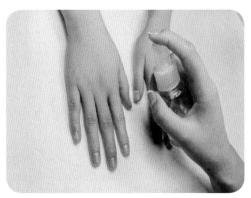

步骤2　消毒工作台。

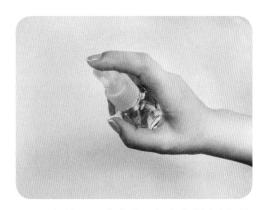

步骤3　从消毒柜中取出干净的毛巾铺在工作台上。

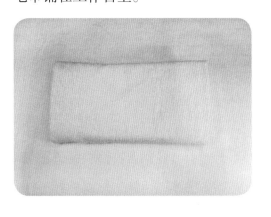

步骤4　准备好消过毒的固定垫枕，用来放在顾客的手腕处。

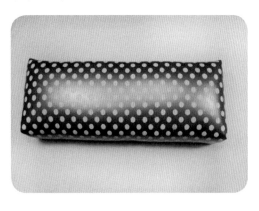

步骤5　准备好已消毒完毕的工具和用品。

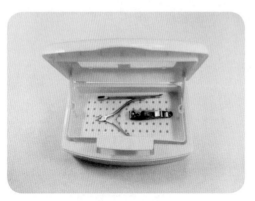
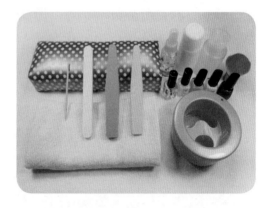

2. 护理步骤

步骤1　消毒

用喷式消毒水（浓度为75%的酒精）消毒顾客的双手，去除指甲及手部表面的细菌和真菌。

步骤2　去除指甲油

用蘸有洗甲水的棉球清除顾客双手指甲上的甲油，并用橘木棒制作棉签，蘸取洗甲水清理指甲周围，包括甲沟、甲壁和指甲前缘下方的残留指甲油。

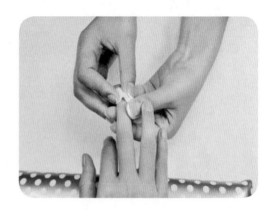

步骤3　修形

用180#打磨砂条单方向（切勿来回）修整左手指甲前缘形状，从左手小指开始依次修形（左手修形完毕后，再进行右手修形）。

步骤4　除尘

用粉尘刷清除指甲表面和甲沟内的粉尘。

步骤5　浸泡

在泡手碗中注入温热水，加入适量的护理浸液，浸泡手指甲。

步骤6　涂软化剂

在指甲后缘老化的死皮处涂抹软化剂，注意不要涂在甲盖上，防止软化甲盖。

美甲师（五级）

步骤7　推死皮

用橘木棒将顾客手指上老化的指皮向后缘推动。

步骤9　涂抹营养油

按摩指缘，在指甲后缘处的皮肤上涂抹营养油，在甲根、甲母处轻轻按摩手指，以促进指甲生长。

步骤8　抛光

用粗细抛光条按顺序从左手小指开始对指甲表面抛光，粗抛单方向抛，细抛可以来回抛，把指甲表面抛光、抛亮。

步骤10　清洁

用棉球蘸取稀释的酒精，清洁指甲表面和周围皮肤上的浮油。并用橘木棒制作棉签，蘸取酒精清理指甲甲沟、甲壁和指甲前缘下方的残留油渍。

步骤11　收取服务费

涂抹甲油前收取服务费，收取后再次消毒双手。

步骤12　涂底油

依次为顾客双手涂底油。

步骤13　涂亮油

依次为顾客双手涂亮油。

步骤14　消毒

把所使用过的金属工具放入盛有消毒液的容器内浸泡消毒。

步骤15　整理

清理工作台，消毒工作台。

步骤16　建档

建立顾客档案，预约下一次服务时间。

注意事项

自然指甲护理时应注意要左右手护理交替进行。

思考与练习

1. 简述棉签的制作程序及用途。
2. 甲油的涂抹方法是什么？
3. 甲油取量的原则是什么？
4. 简述甲油烘干机的维护及注意事项。

捌

第8章　手、足部护理

──── 引导语 ────

> 　　手（足）护理是美甲师的基本工作，也是美甲店里提供的最常见的服务，美甲师要学习和掌握手（足）护理的规范操作程序，做到手（足）部穴位按摩到位，让顾客感到舒服满意，起到保健、理疗的作用。

第1节　手部护理

学习目标

● **了解**　手部消毒、清洁的规范与操作程序
● **掌握**　手部护理的工作程序

一、蜡疗机的使用安全及维护保养

1. 蜡疗机的功能

蜡疗机是通过让顾客把手或足放入加热的蜜蜡液中，进行深层皮肤护理的一种仪器。

2. 蜡疗机维护保养方法

（1）认真阅读使用说明书，熟悉仪器性能，严格按照仪器使用说明书的步骤进行操作。

（2）蜡疗机的外壳通常是塑料制品，要避免与美甲经常使用的溶剂接触，以免造成外壳腐蚀、损伤。

（3）仪器使用完毕，应立即关机、切断电源，用柔软的纸巾消除仪器外壳上的蜜蜡。严禁用湿手、湿布触摸、擦拭通电状态下的仪器。

（4）如果需要取出仪器内的蜜蜡，须先切断仪器的电源，待仪器中的蜡液完全凝固后，再接上电源加热，熔化的石蜡会让未熔化的石蜡浮起，移去未熔化的石蜡，拔掉电源，待仪器变凉，然后用柔软的纸巾或清洗布将仪器内外清理干净。

3. 电热手（足）套使用注意事项

（1）开始使用时，必须小心调换温度，严禁瞬时温度过高。

（2）接通电源后，按从低温到高温的程序进行温度的调控切换。

（3）无人使用时必须将电源插头拔掉，使电热手（足）套安全断电。

（4）使用完毕，必须待温度冷却后方可收藏。

（5）严禁用湿手、温布触摸、擦拭通电状态下的电热手（足）套。断电后可用干净的布擦拭，以保持仪器清洁干燥。

（6）注意保持电热手（足）套的平整，切勿重压，否则会导致变形，损坏电热手（足）套与内部装置。

（7）仪器使用完毕后，放置到安全的地方保管好。

二、标准手部护理程序

1. 标准手部护理服务时间

标准手部护理服务时间为45 min。

2. 标准手部护理用品、工具

消毒液、消毒液容器、洗甲水、180#打磨砂条、粉尘刷、橘木棒、指皮软化剂、指皮推、指皮剪、营养油、清洁液、死皮素、按摩膏、手膜、润肤霜、电热手套、蜡疗机、蜜蜡、保鲜膜、一次性纸巾、废物袋。

3. 护理准备

步骤1　首先清洁美甲师自己的双手。

步骤2　消毒工作台。

步骤3　从消毒柜中取出干净的毛巾铺在工作台上，把垫枕放在顾客的手

腕处。

步骤4　准备好已消毒的工具用品。

步骤5　打开蜡疗机与电源开关，熔好蜜蜡，保持恒温待用。

步骤6　消毒顾客的双手。

4. 护理程序

（1）手部按摩

步骤1　绕手指，从左手小指开　　　　　步骤2　按摩手背。

始绕。

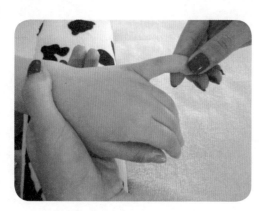 

步骤3　推手指。　　　　　　　　　步骤4　牵拉手指。

 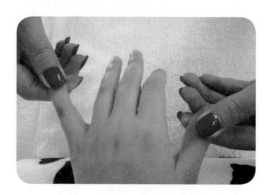

步骤5　按摩掌心。

步骤6　绕手腕。

步骤7　屈伸手腕。

步骤8　压手掌。

步骤9　牵拉手掌。

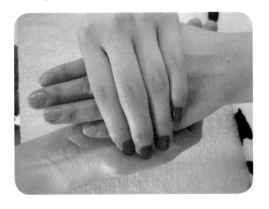

步骤10　推拿手臂。

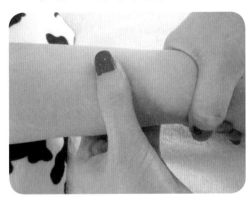

美甲师（五级）

步骤11　按摩手臂。

步骤12　旋转肘部。

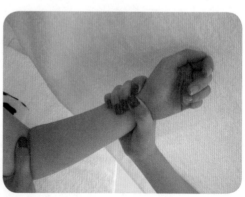

步骤13　按摩完成。

（2）浸蜡膜

步骤1　清洁顾客的双手并擦干。

步骤2　请顾客将左手手指张开，手掌缓缓插入蜡疗机熔好的蜜蜡中。

步骤3　整个手腕再缓缓浸入蜡液中，重复2~3次，使蜡液在整个手掌到手腕形成一层均匀的蜡膜，右手重复相同动作。

步骤4　将整个手掌到手腕用保鲜膜（或一次性手套）包好。

步骤5　戴上电热手套，接通电源，加热保温15 min。

步骤6　除去电热手套，除去手上的蜡膜。

步骤7　清洁双手、指甲，并擦干。

步骤8　在双手上均匀涂抹一层润肤露，滋润皮肤。

第2节 足部护理

学习目标

● **了解** 标准足部护理程序
● **掌握** 足部护理注意事项

一、标准足部护理程序

1. 标准足部护理时间

标准足部护理时间为90 min。

2. 标准足部护理用品、工具

消毒液、消毒液容器、棉球、洗甲水、橘木棒、指甲刀、180#打磨砂条、粉层刷、指皮推、指皮剪、刮脚刀、搓脚板、指皮软化剂、营养油、亮油、底油、彩色甲油、按摩霜、去角质膏、蜜蜡、蜡疗机、足浴盆、一次性手套、一次性塑料袋、一次性纸巾、废物袋、小勺子、电热足套、隔趾海绵。

3. 护理准备

步骤1 请顾客坐在足护理专用沙发上。
步骤2 清洁美甲师自己的双手。
步骤3 从消毒柜中取出干净的毛巾，折叠好放在足护理专用凳上。
步骤4 准备好已消毒完毕的工具和用品。
步骤5 打开蜡疗机电源开关，熔好蜜蜡，保持恒温待用。
步骤6 将一次性塑料袋套置在浴盆上，将水加热到适宜温度后保持恒温，并加入泡脚液。
步骤7 请顾客浸泡双脚15 min。

4. 护理程序

（1）足部趾甲护理
操作程序是从左脚到右脚，从每只脚的小趾至大拇趾修整。

美甲师（五级）

步骤1　用浓度为75%的酒精给自己的双手消毒。

步骤2　将顾客左脚移出足浴盆，用毛巾擦干。

步骤3　用浓度为75%的酒精给顾客的左脚消毒。

步骤4　用棉球蘸洗甲水清除顾客左脚趾甲上的甲油。

步骤5　用橘木棒制作棉签，蘸取洗甲水清理趾甲周围，包括甲沟、甲壁和趾甲前缘下方的残留甲油。

步骤6　用指甲刀修剪趾甲的长短。

步骤7　用180#打磨砂条单方向（切忌来回）修整趾甲前缘形状。

步骤8　除尘。用粉尘刷消除干净趾甲表面和甲沟内的粉尘。

步骤9　在趾甲周围与趾皮上涂抹指甲软化剂，软化老化的死皮（切忌涂抹在趾甲表面）。

步骤10　用指皮推将趾甲后缘老化的死皮轻轻向趾甲后缘方向推至翘起。

步骤11　用指皮剪剪去软化翘起的后缘趾皮。

步骤12　用粗面抛到细面对趾甲表面进行抛光（切忌来回）。

步骤13　在趾甲后缘处的皮肤上涂抹营养油。

步骤14　轻轻按摩脚趾及甲根甲基。

步骤15　清洁脚趾表面浮油和甲沟污油（右脚重复以上的步骤）。

步骤16　脚趾甲上涂加钙底油（从左脚趾上开始）。

（2）足部按摩护理

步骤1　将双脚泡入足浴盆中10～15 min。

步骤2　将修整完毕的左脚从足浴盆中取出，并用毛巾擦干。

步骤3　用刮脚刀或搓脚板清除脚掌和脚跟部位的硬皮和老茧。（右脚重复做）。

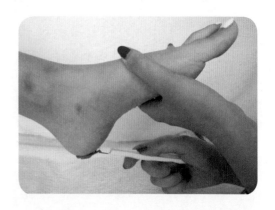

步骤4　按摩左脚。涂按摩膏，按摩膝关节以下小腿、脚掌、脚趾部位。

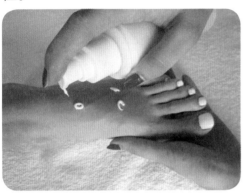

步骤5　旋转脚趾、从左脚趾小指开始。

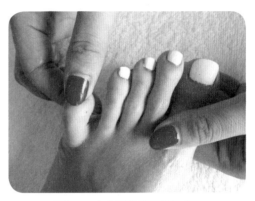

步骤6　双手按摩脚背部，打圈上下按摩。

步骤7　点压脚底涌泉穴。

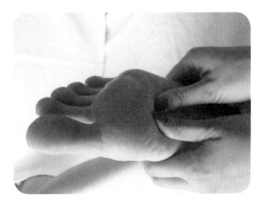

步骤8　用两手拇指分推脚掌。

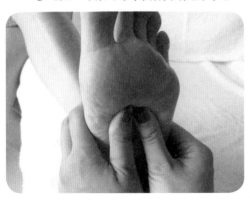

步骤9　用手指上下按摩脚掌。

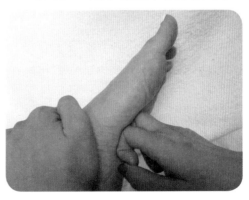

美甲师（五级）

步骤10 用手指横推脚趾部。
步骤11 用手指纵推脚内侧。
步骤12 用单拇指下推外踝前缘。
步骤13 用单拇指下推内踝前缘。

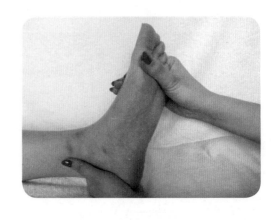

步骤14 推拿揉放松小腿。

步骤15 按摩小腿到膝盖上面。

步骤16 左脚按摩完毕后，用毛巾包好，放在一侧，右脚重复以上的步骤。

步骤17 在双脚上各套一个一次性塑料袋，或上好蜡再套上塑料袋。

步骤18 戴上电热足套，接通电源，加热保温10～15 min。

步骤19 除去电热足套，除去脚上的蜡膜。

步骤20 清洁双脚和趾甲上的浮油，用棉签清洁甲沟，甲壁和趾甲前缘下的残留油渍。

特别提示

足部按摩的作用

足部按摩既可以消除疲劳又可以强身健体，按摩脚底的反射区，刺激该反射区，能促进血液循环，增强免疫能力，消除器官障碍，达到机能平衡，以起到保健的效果。

进行足部按摩时应保持室内清静、整洁、通风，按摩时全身放松，按摩结束后30 min内应请顾客饮杯温开水，这样有利于气血的运行，从而达到良好的按摩效果。

（3）足部甲油护理

步骤1　为顾客戴上隔趾海绵。

步骤2　涂抹一层底油，从左小趾甲指开始。

步骤3　涂抹两层彩色甲油。

步骤4　涂抹一层亮油。

步骤5　清理工作台和消毒工具。

步骤6　建立顾客档案，预约下一次服务时间。

二、足部护理的注意事项

1．在足部护理中，按摩时手法要熟练，动作连贯，力度要根据顾客的要求，不要太重或太轻。

2．按摩过程中要和顾客沟通，如果顾客有不良反应，则需小心慢点按摩。

3．饭前30 min和饭后1 h内不可以做足部按摩。

4．足部按摩前后，要让顾客饮300～500 mL的温开水。

思考与练习

1．简述蜡疗机的功能及维护保养方法。

2．使用电热手（足）套时的注意事项是什么？

3．足部护理注意事项有哪些？

4．足部按摩的作用是什么？

美甲师（五级）

玖

第9章　人造指甲制作与卸除

第1节　贴片指甲的制作

学习目标

● **了解**　贴片指甲的优点和种类
● **掌握**　各种类型贴片指甲的制作方法

一、贴片指甲的优点

贴片指甲的优点主要有以下几个方面：

1. 贴片指甲能改善极短或形状不佳的指甲外观。
2. 贴片指甲能修补和装饰断落或受损的指甲。
3. 贴片指甲具有良好的韧性及弧度，操作十分便捷。
4. 贴片指甲保护薄、软、脆、裂的指甲，避免指甲撕裂或破损。

二、指甲贴片的种类

指甲贴片根据结合方式的不同可以分为全贴片、半贴片、浅贴片；根据色彩不同可以分为透明色、自然色、彩色；根据用途不同可以分为造型贴片、法式贴片、彩绘贴片。

三、贴片胶

贴片胶是一种能使指甲贴片粘在自然甲上的化学物质，通常为黏稠状液体。

四、去除指甲贴片接痕的方法

半贴片、浅贴片粘贴在甲盖面上后，在接合处有一条明显的接痕，影响贴片指甲的自然性与美观性。去除接痕的方法有两种，一种是人工去接痕法，一种是化学去接痕法。

1. 人工去接痕法

人工去接痕法是利用修磨工具将贴片与自然指甲的接痕去除干净。这种去除方法劳动强度大、粉尘多。如果操作不当，会将自然指甲磨伤。因此，在去接痕时，要把握力度适中、均匀过渡的原则。用180#磨锉将贴片与自然指甲接合处的痕迹打磨光滑，不要磨伤自然指甲。

2. 化学去接痕法

化学去接痕法即采用特殊的化学溶解剂，使贴片接痕溶化后磨除。其优点是省工省时，无粉尘，不会磨伤自然指甲。操作时，将接痕溶解液涂抹在贴片接痕处，停留10 s左右。注意不要涂抹在自然指甲表面。待接痕溶解后，用180#磨锉沿贴片一侧向另一侧长距离单方向修磨，可以重复一次，直到接痕修磨平整。

五、制作贴片指甲

1. 制作全贴片指甲

（1）服务时间：60 min。

（2）工具、材料。消毒水、去甲水、抛光条、100#磨锉、180#磨锉、橘木棒、U形甲片剪、指皮推、指皮剪、贴片胶、指甲刷、接痕溶解液、软化剂、营养油、底油、亮油、全贴片。

美甲师（五级）

（3）操作准备

步骤1　消毒工作台，铺好毛巾、纸巾，摆好已消毒的工具、材料等必备品。

步骤2　消毒自己的双手。

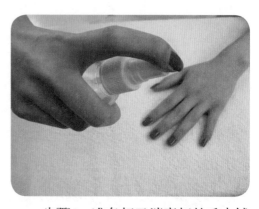

步骤3　消毒工作台。

步骤4　准备好已消毒好的毛巾铺在工作台上，放垫枕在顾客的手腕处。

（4）操作步骤

步骤1　刻磨

用180#磨锉在指甲表面刻划出细小划痕，增大粘贴接触面积，并除去指甲表面的油质层。

步骤2　除尘

用小刷子仔细地将指甲后缘和甲沟内的粉尘去除。

步骤3　选修贴片

根据顾客的指形，从小指开始依次选择好贴片，贴片宽度以甲沟宽度为准。

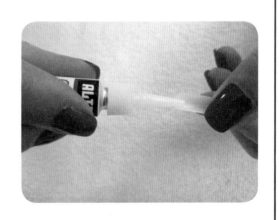

步骤4　注贴片胶

在贴片槽内注入贴片胶，左右转动贴片，使贴片胶分布均匀。

美甲师（五级）

步骤5　粘贴片

以45°的角度，将贴片后缘顶住
自然指甲后缘，使其吻合，将贴片向
指甲前缘方向压在自然指甲表面，并
校正贴片方向，尽量将气泡挤出。

步骤6　剪贴片

根据顾客喜好，用U形剪将指甲
前缘剪到合适的长度。

步骤7　修形、除尘

用100#磨锉将贴片与外形按照外侧，内侧的顺序修磨好，然后将贴片前缘
修磨好并除尘。

步骤8　粗抛光

用粗抛光条去除贴片表面的磨痕（单方向抛）。

步骤9　精抛光

用精抛光条抛光，使指甲呈现亮泽。

步骤10　涂营养油

在指甲后缘及甲根、甲基处涂营养油，充分按摩，滋润皮肤，使指甲更加
亮泽。清洁指甲表面的浮油。

步骤11　涂底油、涂彩色指甲油或亮油

涂一层底油，底油干后涂两遍彩色指甲油，甲油干后再涂一遍亮油。

步骤12　整理工作

完成后，整理工作台和消毒工具，建立顾客档案，预约下一次服务时间。

2. 制作半贴片指甲

（1）服务时间：60 min。

（2）工具、材料。消毒水、洗甲水、粗抛光条、细抛光条、橘木棒、指甲刀、180#打磨砂条、粉尘刷、指皮软化剂、营养油、底油、亮油、指皮推、指皮剪、半贴贴片、贴片胶、U形剪、接痕熔解剂、彩色指甲油。

（3）操作准备

步骤1　消毒工作台，铺好毛巾、纸巾，摆好消毒好的工具、材料等必备品。

步骤2　消毒自己的双手。

步骤3　消毒工作台。

步骤4　准备好已消毒的毛巾铺在工作台上，放垫枕在顾客的手腕处。

（4）操作步骤

步骤1　刻磨

用180#磨锉将指甲表面划出细小划痕，增大粘贴接触面积，并除去指甲表面的油质层。

MEIJIASHI

步骤2 除尘

用小刷子仔细地将指甲后缘和甲沟内的粉尘去除。

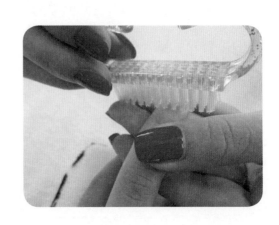

步骤3 选修贴片

根据顾客的指形，从小指开始依次选择好贴片，贴片宽度以甲沟宽度为准，贴片槽深度以盖住1/2甲盖面为原则。

步骤4 注贴片胶

在贴片槽内注入贴片胶，左右转动贴片，使贴片胶分布均匀。

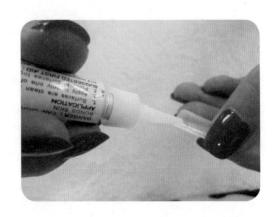

步骤5　粘贴片

以45°的角度将贴片槽轻卡在指甲前缘上，使其吻合，并校正贴片方向。以第一指关节中线和指甲前缘的中点为轴线，轻轻将贴片压在甲盖面上。

步骤6　剪贴片

根据顾客喜好，用U形剪将指甲前缘剪到合适的长度。

步骤7　去接痕

用180#磨锉沿贴片接痕处打磨，直到把接痕修磨平整。

步骤8　修形、除尘

用100#磨锉将贴片外形按照外侧、内侧顺序修磨好，然后将贴片的前缘修磨好并除尘。

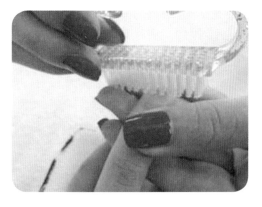

美甲师（五级）

MEIJIASHI

步骤9　粗抛光

用粗抛光条去除贴片表面的磨痕。注意粗抛时要单方向抛。

步骤10　精抛光

用精抛光条打磨指甲表面，使指甲呈现亮泽。

步骤11　涂营养油

在指甲后缘及甲根、甲基处涂上营养油，充分按摩，滋润皮肤，使指甲更加亮泽。

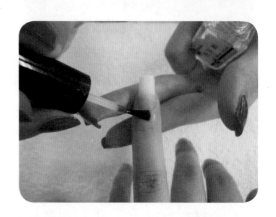

步骤12　清洁

清洁指甲表面的浮油，用棉球清洁指甲甲沟和指甲前缘下面指芯。

步骤13　涂底油、涂彩色指甲油或亮油

涂底油一层，底油干后涂两遍彩色指甲油，甲油干后涂一遍亮油。

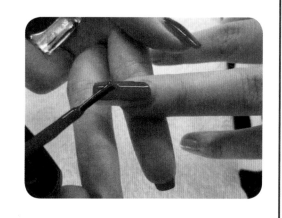

步骤14　整理工作

完成后整理工作台和消毒工具，建立顾客档案，预约下一次服务时间。

3．浅贴片粘贴

步骤1　刻磨

用180#磨锉将指甲表面的油质层磨掉，并刻划出细小划痕，以便增大粘贴接触面积。

步骤2　除尘

用指甲刷清除掉指甲表面的甲屑及粉尘。

步骤3　选修贴片

贴片宽度以甲沟宽度为准，贴片槽深度以盖住顾客指甲前缘为准，过长时应适当修磨。

步骤4　注贴片胶

将贴片胶注入贴片槽内。

步骤5　粘贴片

将贴片对准手指第一指关节中线，轻压在指甲的前缘上。

步骤6　剪贴片

根据顾客喜好，用U形剪将指甲前缘剪到合适的长度。

步骤7　修形、除尘

用100#磨锉修磨贴片的外形，除去粉尘。

步骤8　涂营养油

在指甲后缘及甲根、甲基上涂营养油，充分按摩，滋润皮肤，使指甲更加亮泽。

步骤9　涂底油、涂彩色指甲油或亮油

涂底油一层，底油干后涂两遍彩色指甲油，甲油干后涂一遍亮油。

步骤10　整理工作

完成后整理工作台和消毒工具，建立顾客档案，预约下一次服务时间。

4．注意事项

（1）全贴片的操作步骤中没有去接痕的工作，贴片粘贴的方法有所不同，操作时应予以注意和区别。

（2）半贴片槽盖住甲盖的1/2，半贴片的接痕要打磨平整。

（3）法式浅贴片不用去接痕，否则达不到展示微笑线的目的。

第2节　贴片指甲的卸除

学习目标

● **掌握**　贴片指甲的卸甲机卸甲方法

● **掌握**　贴片指甲的锡纸卸甲方法

一、卸甲机卸甲

卸甲机是利用超声波在液体中不断振荡产生许多微小的气泡，并使气泡不断地冲击自然指甲上的覆盖物，使覆盖物分裂成小颗粒，并从自然指甲表面脱离进入液体中。卸甲机可以清除指甲前缘处与深层污垢，但不会伤及指芯，适合指芯敏感的顾客使用。

1. 卸甲机卸甲所需的用品和工具

（1）毛巾。

（2）手枕。

（3）卸甲机。

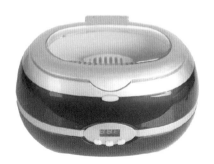

（4）卸甲液。

（5）浓度为75%的酒精（乙醇消毒液）。

（6）水晶钳。

美甲师（五级）

（7）营养油。

（8）一次性纸巾。

（9）废物桶。

2．准备步骤

步骤1　用浓度为75%的酒精（乙醇消毒液）清洁自己的双手。

步骤2　消毒工作台。

步骤3　从消毒柜中取出干净的毛巾铺在工作台上，另卷起一块毛巾或用手垫枕在毛巾下顾客的手腕处。

步骤4　准备好已消毒完毕的工具和用品。

步骤5　将卸甲液倒入超声波卸甲机，接通卸甲机的电源，调整好浸泡时间待用。

步骤6　请顾客清洁双手。

注意：　操作程序均是从左手到右手，从每只手的小指到大拇指。

3. 规范的操作程序

步骤1　用浓度为75%的酒精（乙醇消毒液）为自己和顾客的双手消毒。

步骤2　用水晶钳将所有的水晶指甲剪短至自然指甲前缘指芯处。

步骤3　用蘸有洗甲水的棉球或棉片清除顾客双手指甲上的甲油，并用橘木棒制作棉签，蘸取洗甲水清理指甲周围，包括甲沟、甲壁和指甲前缘下方的残留甲油，或用180#的磨棒磨除指甲表面的封层。

步骤4　请顾客将双手手指放进卸甲机，打开卸甲机开关浸泡10~15 min。

步骤5　先后移出左手和右手，用指皮推或橘木棒迅速刮除指甲表面膨胀、发软的水晶甲酯。

步骤6　清洗双手并擦干。

步骤7　进行其他项目的服务(如果顾客不需要进行其他服务，可在此时收费并预约下一次服务时间)。

二、锡纸卸甲

锡纸卸甲法是用锡纸包住浸有卸甲液的棉片进行卸甲的一种方法。

步骤1　用浓度为75%的酒精（乙醇消毒液）给自己和顾客的双手消毒。

步骤2　用蘸有洗甲水的棉片清除顾客双手指甲上的甲油，包括甲沟、甲壁和指甲前缘下方的残留甲油。

步骤3　用指甲刀将指甲上所有的贴片剪短至自然指甲前缘指芯处。

步骤4　打磨指甲表面。

步骤5　用棉片浸满卸甲液后贴敷在指甲表面。

步骤6　将10个手指包上锡纸，裹紧15~20 min。

步骤7　去除指甲上与锡纸和棉片。

步骤8　用指皮推刮除指甲表面被腐蚀软化的贴片。

美甲师（五级）

91

步骤9 整理指甲表面。

步骤10 对顾客双手指甲进行指甲护理、保养。

三、卸甲的注意事项

1. 用卸甲机卸除贴片指甲时，要将手指周围涂营养油，以避免卸甲液浸蚀手指皮肤。手指浸泡10~15 min之后，贴片会膨胀发软，脱离自然指甲。

2. 卸甲机使用完毕后应关掉电源并倒出机器中的卸甲液至一只密闭容器内，以免挥发。用清水将卸甲机擦洗干净。

3. 包裹锡纸卸除贴片时，可用金属指皮推将贴片刮除，力度不要太重，避免伤及自然指甲甲盖。

4. 若包进锡纸的指甲贴片未能去除干净，需再用锡纸重新包上，再重复操作一遍。

5. 足部因较难放入卸甲机，所以卸除贴片采用锡纸卸甲法比较合适，须为顾客提供一次性的拖鞋。

6. 不规范的卸甲会伤害指甲的甲体和甲根，因此必须按规范的卸甲方法来卸除贴片。

思考与练习

1. 贴片指甲的优点是什么？
2. 指甲贴片的种类有哪些？
3. 去除指甲贴片接痕的方法有哪些？
4. 卸甲机的工作原理是什么？
5. 卸除指甲的方法有哪几种？

第10章　装饰指甲

───── 引导语 ─────

　　美甲师可从简单形式的甲油勾绘开始，练习色彩的简单运用，初步掌握构图的比例、色彩搭配，再学习掌握笔绘画法和各种美甲装饰材料的使用方法和技巧。这样画出的图案色彩和构图效果最佳。能让顾客感到满足的个性化服务，如彩绘指甲，是美甲师的基本功之一。

第1节　色彩与构图

学习目标

● **了解**　色彩的基本原理
● **了解**　构图的基本原理

一、三原色

　　所有的色彩均由红色、黄色、蓝色三种色彩按照不同的比例混合而成。这三种颜色是不可能通过其他色彩的混合而得到的。因此，红色、黄色、蓝色称为基本色，即"三原色"。

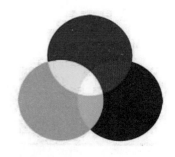

二、三间色

　　两种原色相加形成的颜色叫间色，颜料三原色的混合在理论上可以生成颜料三间色，如橙色（红+黄）、绿色（蓝+黄）、紫色（红+蓝）。

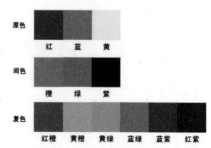

原色　红　蓝　黄

间色　橙　绿　紫

复色　红橙　黄橙　黄绿　蓝绿　蓝紫　红紫

三、复色

间色与其相接近的原色混合会产生复色。如果从三原色开始进行混合，则会得到三种间色和六种复色，如草绿色（橙+绿），黑绿色（橙+紫），蓝绿色（绿+紫）。

四、补色

补色是指两个能够相互混合生成浅灰色的色相。补色之间的对比是最强烈的对比，它是由于人们视觉特点的需要而形成的色彩关系。在色环上，处于相对位置的色彩被称为补色，如红色与绿色，黄色与紫色，蓝色与橙色，它们也是三组最基本的补色。

五、色彩的三种属性

在有彩色系中，任何一种色彩都具有三个属性。即色相、明度和彩度。无彩色系只有明度一个属性，没有色相与彩度。

1. 色相

色相是指色彩的名称，是用来描绘各种色彩的主要特征，如红、橙、黄、绿、青、蓝、紫七种色彩形成绚丽缤纷的色彩世界，它们与色彩的强弱、明暗没有关系。

2. 纯度

纯度指色彩的饱和程度，凡具饱和色彩必有相应的色相。色彩中含黑量越多，彩度越低；含白量越多，彩度越高。没有黑、白的称为色彩的纯色。

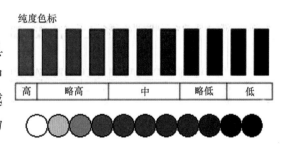

3. 明度

明度指色彩的明暗及深浅程度。在颜料的混合中，色彩的明暗可以通过白

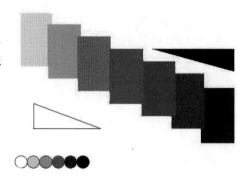

色和黑色的添加来进行改变。在有彩色系中，黄色明度最高，蓝色明度最低；在无彩色系中，白色明度最高，黑色明度最低。

六、构图基础知识

1. 视觉中心

视觉中心是节奏变化最强的部位，一般画面的高潮在于视觉中心。视觉中心并不一定是画面中央，而是指视觉上最有情趣的部分，画面上的其他部分应为这一中心服务，即引导观众的视线，逐渐趋向这一中心。甲面上的主要图案应当安排在指甲的前部分。

2. 点线面的安排

点线面的安排是构图的基础思路，点连贯延伸的轨迹成为线，密集成片而成为面。

（1）点的判断标准。点有吸引视线的作用，在构图中可以引人注目，成为向心与离心的焦点，点的排列可以形成鲜明的节奏和韵律。

（2）线的特点。线是点的集合，点是没有方向性的形态，但是点的运动是有一定方向性的，这使它运动的轨迹——线，也具有明显的方向性。

（3）面的形态特征。面除具有规矩的几何形外，还具有不规则的自由变化形态。面在构图中起重要作用，是整体布局不容忽视的，在不少情况下，基本构图线不能解决整体的构图问题，需要用它来代替或补充。

3. 画面主体的含义

主体即指画面的主要对象，是画面内容和结构的重心。主体的对比方法有以下三种：

（1）大小对比。在一个均匀的由方块组成的画面中，要突出某一方块，使之为主体，可以把它放大或缩小，打破原来整齐的行列，使其周围空间发生变化，产生差异。

（2）明暗对比。在色彩构图中，突出形态主要靠明度对比，要想使一个色彩的形态产生有力的影响，必须使它和周围的色彩有强烈的明度差。

（3）形状对比。通过形状的改变可以取得画面上的新异刺激点，这个刺激点则具有更强的刺激强度，会形成视觉中心。

第2节　彩妆指甲

学习目标

- ●**掌握**　指甲上贴花、镶嵌及悬挂饰物的方法
- ●**掌握**　彩妆指甲制作的基础知识

一、海绵拓印

1. 海绵拓印的定义

运用海绵表面粗糙的特性，蘸取丙烯颜料，使其与海绵自然地融合，形成自然柔和的渐变色。

2. 海绵拓印的特点

任何海绵都可以做拓印，利用不同粗细的海绵拓印出不同风格的色彩渐变。

3. 海绵拓印的工具

（1）海绵。

（2）镊子。

4. 海绵拓印的制作步骤

步骤1 用剪刀剪下合适大小的海绵以方便使用。

步骤2 用镊子夹取海绵并蘸取少量丙烯颜料。

步骤3 保持海绵孔不变形，垂直于甲片进行拓印。

步骤4 拓印完可以先上一层护甲油再做其他花式。

注意：清洁用海绵的海绵孔较粗，很容易做出清晰的纹路，应先在纸上多尝试几次，调整颜料的用量；化妆用粉饼的海绵孔较细，应一点点地进行拓印，能较好地做出颜色细腻的渐层感。

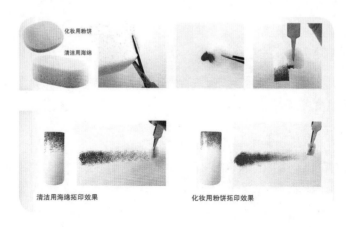

清洁用海绵拓印效果　　　　　化妆用粉饼拓印效果

示例一：

示例二：

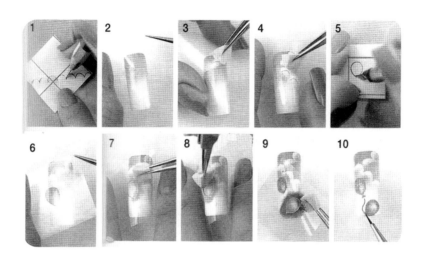

二、甲油勾绘

1. 甲油勾绘的定义

运用甲油勾绘笔的勾绘技巧，采用点勾绘的方法，通过指甲油色彩的变化，能绘制出变幻无穷的美甲图案。甲油勾绘因为简便易操作，并且节省时间，一直以来都得到很多美甲师和顾客的青睐，它是最基本的彩妆指（趾）甲制作技法。

2. 甲油勾绘的特点

甲油勾绘的特点是对使用者没有绘画基础的要求，技法容易掌握，工具使用简单，成画快速、简便。

3. 甲油勾绘的工具

（1）点花笔。点花笔有多种颜色可供选择，且甲油笔帽的另一端是一个自带的细小毛刷，可以在指甲上绘制图案与线条。

（2）拉线笔。可以直接用带有刷头的甲油拉线笔直接做勾勒，但用完后必须用洗甲水把刷头清洁干净，避免出现混色状况。

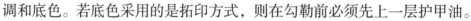

（3）除此以外甲油勾绘还需要有一根勾绘针专门用于勾花和挑花。

4. 甲油勾绘的制作步骤

步骤1　打底。在甲片上以彩色甲油打底。要薄而均匀，涂2～3遍甲油作为调和底色。若底色采用的是拓印方式，则在勾勒前必须先上一层护甲油。

步骤2　点滴指甲油。趁亮油未干时，在指甲面上用点花笔滴各种颜色的指甲油。

步骤3　勾绘。用勾绘针在滴的甲油上勾绘出各种图案。

步骤4　涂亮油。待指甲上勾绘出的各种图案干了后再涂亮油，以保护甲油和图案保持时间长。

示例一：

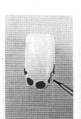

示例二：

三、法式修甲

1. 法式修甲的定义

法式修甲就是指在自然指甲的前缘部分用单色指甲油清晰、准确地描画出一条具有完美弧度的边线，俗称微笑线，并且一双手的法式边宽窄和弧线要求保持视觉上的一致性。

2. 法式指甲的特点

（1）标准法式。标准法式的比例为前端部分通常以甲体的1/3为宜。

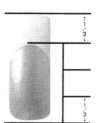

（2）经典法式。经典法式甲的底色是淡淡的裸粉红色或裸肤色，其边缘是轮廓分明的白色，给人以典雅、干净、高贵的感觉。

（3）变化法式。变化法式中，白色加裸嫩粉色的组合比较主流，但不同颜色的组合又会有不同的新意，且不必拘泥于微笑线

的形式，缩短、歪斜前端造型的另类法式甲同样很漂亮，而尝试变换不同的造型也别有趣味。

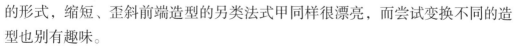

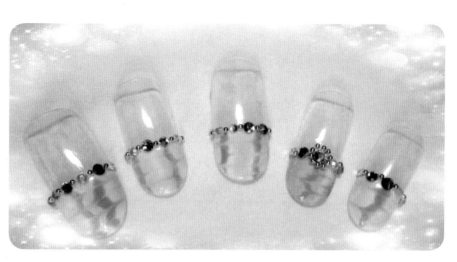

3. 法式修甲的工具

法式修甲的工具主要包括：棉片、
洗甲水、橘木棒、底油、白色甲油、彩
色甲油、亮油。

（1）甲油。法式甲油的颜色并不一
定要白色。

（2）法式贴纸。法式贴纸是为了
让初学者可以更快上手，画出完美法式
线条。

4. 法式修甲和法式水晶甲的区别

法式修甲简单、快捷，制作时间短，保持的时间也短，清除比较方便简单。法式水晶甲较法式修甲制作工艺复杂，制作需要的时间较长，保持的时间也比较长，更为牢固，造型修长美丽，可以弥补手形不美的缺陷。

（1）法式美甲的制作

1）设定法式微笑线的位置，如画弧线般由甲片一侧起涂抹至中间，再以同样的方式从另一侧涂抹，确保左右对称。

2）应在与法式微笑线相衔接的前端部分涂抹甲油。

3）为避免涂抹不均匀透出底色，甲油应涂抹两遍。

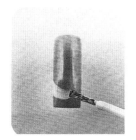   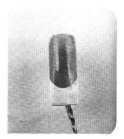

（2）法式水晶甲

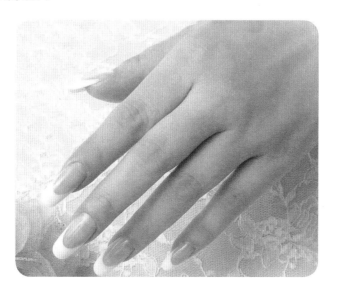

MEIJIASHI

四、指甲贴花

1. 贴花的定义

贴花就是将预先制作出来的各种图案，直接粘贴在指甲表面以做装饰的方法。贴花是很简易的装饰指甲的技法。

2. 贴花的特点及种类

（1）贴花的特点。成本低、速度快、款式多、操作简单。

（2）贴花的种类。贴花可分为背面带胶可以直接撕下粘贴的和背面不带胶需要用水将贴纸剥离后粘贴的。前者现在越来越多地被运用，而需要用水剥离的贴纸运用会减少。

3. 贴花的工具、材料

指甲贴花所需要的工具和材料包括贴花纸、小剪刀、亮油等。

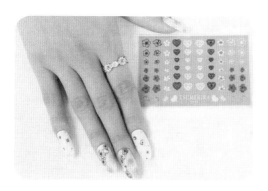

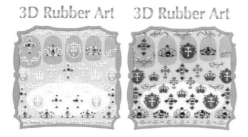

美甲师（五级）

五、镶嵌饰物

1. 镶嵌饰物的定义

镶嵌饰物是指粘贴装饰在指甲表面上的所有小型的装饰品，可以使用胶水或甲油等黏合剂直接黏合。

2. 镶嵌饰物的特点及用途

（1）镶嵌饰物的特点。操作简便、组合多样、装饰性强、取材丰富。

（2）镶嵌饰物的用途。镶嵌饰物越来越多地被运用到美甲作品中，同时，许多手机美容、手工礼品制作甚至是汽车美容也已广泛运用镶嵌饰物。

3. 镶嵌饰物的工具、材料

包括各种小型装饰物、胶水、剪刀、小镊子、橘木棒、底油、彩色指甲油、亮油等。

美甲师（五级）

六、悬挂饰物

1. 悬挂饰物的定义

悬挂饰物是指将时尚并制作精良的小吊饰,通过在指甲前缘适合位置打孔并悬挂的形式装饰指甲的方法。

2. 悬挂饰物的特点

悬挂饰物的特点是装饰性极强,可循环使用,易拆卸,但成本较其他彩妆甲更高一些。

第3节 手绘指（趾）甲

学习目标

● **了解** 手绘指（趾）甲的分类及使用方法
● **掌握** 手绘指（趾）甲的绘画要求和方法

一、手绘指（趾）甲概述

1. 手绘指（趾）甲的定义

手绘指（趾）甲就是运用各种类型的绘画笔，蘸取丙烯颜料在指甲或甲片上绘制出各种艺术图案的美甲艺术形式。

美甲师（五级）

109

2. 手绘指（趾）甲的分类

手绘指（趾）甲按用途分为实用型手绘和观赏型手绘两类。

（1）实用型手绘。实用型手绘是指能和人们日常生活的起居、时装、首饰等相互搭配的绘画艺术形式，比较生活化，图案简单大方，适合一些白领女性、传统女性。

（2）观赏型手绘。观赏型手绘是指在实用型手绘的基础上配合各种立体手绘等艺术形式，使指甲在视觉上达到一种美感的效果。这种手绘主要以创作为主，构图往往比较夸张，色彩鲜艳明亮，造型突出个性，具有观赏性，适合参加大赛、婚庆或有特殊意义活动的女性。

观赏型手绘按图案形式可分为以下十类：

1）风景类。

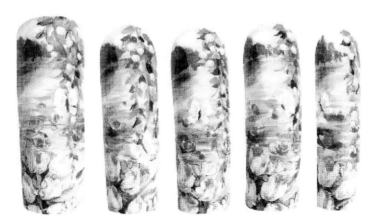

2）植物类。

3）动物类。

美甲师（五级）

4）卡通类。

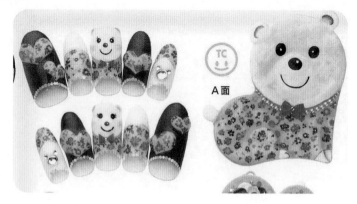

5）人物类。

6）神话、童话小说和故事类。

7）文字类。

8）脸谱类。

9）图案类。

10）物品类。

　　总之，许多艺术构思均可以在指甲上得以表现，这在文化艺术领域形成了一个新的门类，即美甲艺术。手绘是美甲艺术的主要表现手法之一，所以必须把手绘作为一项重要的技能来学习。

　　3. 美甲手绘笔

　　（1）美甲手绘笔的分类。美甲手绘笔可分为描线笔、造型毛笔以及排笔等。

1）描线笔。描线笔的笔头毛较少，笔身较短，是专门用于勾勒边缘线的工具。它的绘画特点是能帮助使用者达到用线粗细均匀，特别适合勾勒细小的线条。

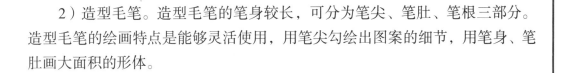

2）造型毛笔。造型毛笔的笔身较长，可分为笔尖、笔肚、笔根三部分。造型毛笔的绘画特点是能够灵活使用，用笔尖勾绘出图案的细节，用笔身、笔肚画大面积的形体。

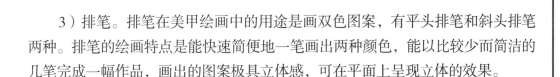

3）排笔。排笔在美甲绘画中的用途是画双色图案，有平头排笔和斜头排笔两种。排笔的绘画特点是能快速简便地一笔画出两种颜色，能以比较少而简洁的几笔完成一幅作品，画出的图案极具立体感，可在平面上呈现立体的效果。

（2）美甲手绘笔的绘画要求

1）描线笔的绘画要求。描线笔画的线条粗细过渡一定要自然，粗细线的弯曲要流畅，线要饱满圆滑，颜色搭配协调。

2）造型毛笔的绘画要求。首先是颜料的蘸取要适量饱和，然后是主要形体的边缘要处理干净，在绘画过程中结构合理，画花颜色很清晰，起点、落点、面积大小都应一一表达清楚，设计完美。

3）排笔的绘画要求。排笔是在平面上画出立体的效果，在绘画的过程中必须保持干净整洁，并且画面的层次要清晰，色彩要明亮。

（3）美甲手绘笔的保养。手绘笔使用完毕后要及时用洗笔缸清洗，盖上笔帽放置。

4. 美甲绘画颜料

美甲绘画颜料一般为丙烯颜料。

（1）丙烯颜料的性能及特点。丙烯颜料是一种内含胶质的绘画颜料，色

115

甲师（五级）

彩透亮，有快干和塑胶的特性，具有覆盖功能加强、色彩鲜艳饱和的性能特点。

丙烯颜料最大的特点在画图案时能够在短时间快速干燥，颜料干后用水清洗而不会破坏作品的原貌。由于丙烯颜料附着力强，也能用在包括帆布、棉布、纸、木头、皮革等任何材质上。丙烯颜料干燥后是防水的，是室外或在棉布上绘画的理想材料。

（2）丙烯颜料的颜色调配要点。手绘指甲图案画一种花卉一般用三种颜色调配画出花的层次来，使花卉呈现立体感的效果。

（3）丙烯颜料的绘画技巧。丙烯颜料的绘画有湿画和干画两种方式。

1）湿画。湿画是指在绘画过程中一色未干透时，加入另一种或几种颜色，使画面的色彩可以融合，看起来色彩润泽。

2）干画。干画则是在先前的颜色干透后再加另一种颜色予以覆盖。覆盖色含水分很多可透出底色，产生特殊效果；覆盖色含水分少则可盖住底色并出现因颜料干而产生的肌理感。

（4）丙烯颜料的选择、保存。优质的丙烯颜料膏体细腻光滑，使用时有流畅感，附着力很好，并且可供选用的色彩很全也很准确。美甲师应选择品质优良的丙烯颜料帮助自己更好地发挥绘画水平。丙烯颜料应包装好后放置在通风、阴凉的地方。

二、手绘指甲图案欣赏

1. 甲油勾绘

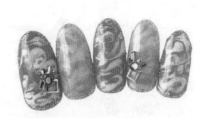

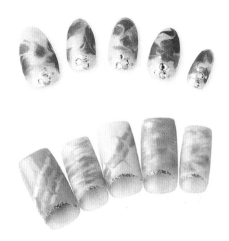

2. 笔绘

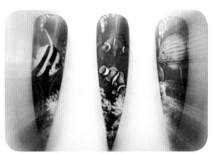

美甲师（五级）

117

3. 钢笔彩绘

思考与练习

1. 简述色彩及构图的基本原理。

2. 色彩具有哪三种属性？

3. 简述构图的基础知识。

4. 甲油勾绘的定义是什么？

5. 甲油勾绘的特点是什么？

6. 法式修甲的定义是什么？

7. 法式指甲的特点是什么？

8. 手绘指（趾）甲的定义是什么？

9. 手绘指（趾）甲的分类有哪些？

10. 美甲手绘笔的绘画要求是什么？

11. 手绘指（趾）甲的方法有哪些？